国家自然科学基金区域创新发展联合基金重点项目(U22A20165)
国家自然科学基金青年科学基金项目(52304106,52104106)
国家自然科学基金面上项目(52174089,52074263)
中国博士后科学基金面上项目(2023M733759)
国家资助博士后研究人员计划(GZC20233009)

混杂纤维混凝土性能强化机理研究

何风贞　李桂臣
阚甲广　孙元田　著

中国矿业大学出版社
·徐州·

内容提要

本书围绕混杂纤维混凝土优化设计与性能强化问题，采用理论分析和实验室测试相结合的方法对混凝土配比优化设计、混杂纤维混凝土弯曲力学行为和高温下混杂纤维混凝土性能劣化开展研究，实现了混杂纤维混凝土的优化设计，揭示了混杂纤维混凝土力学性能强化机制。全书内容丰富、层次清晰、论述得当，研究成果可为相关领域专家学者提供借鉴。

本书可供土木工程、岩土工程等相关领域的科研和工程技术人员参考使用。

图书在版编目(CIP)数据

混杂纤维混凝土性能强化机理研究 / 何风贞等著.
徐州：中国矿业大学出版社，2024.11. — ISBN 978-7-5646-6518-0

Ⅰ. TU528.572.1

中国国家版本馆 CIP 数据核字第 20245FH007 号

书　　名　混杂纤维混凝土性能强化机理研究
著　　者　何风贞　李桂臣　阚甲广　孙元田
责任编辑　张　岩
出版发行　中国矿业大学出版社有限责任公司
（江苏省徐州市解放南路　邮编 221008）
营销热线　(0516)83885370　83884103
出版服务　(0516)83995789　83884920
网　　址　http://www.cumtp.com　**E-mail**:cumtpvip@cumtp.com
印　　刷　江苏淮阴新华印务有限公司
开　　本　787 mm×1092 mm　1/16　**印张** 12　**字数** 235 千字
版次印次　2024 年 11 月第 1 版　2024 年 11 月第 1 次印刷
定　　价　48.00 元

前　言

混凝土是世界上使用最广泛的建筑材料之一，具有制备简单、适用范围广、价格低廉等众多优点。但普通混凝土材料存在塑性收缩大、抗拉强度低、容易发生脆性断裂等缺点，不仅影响了其耐久性，而且限制了混凝土的应用范围。因此，寻找一种能够降低混凝土塑性变形、增加混凝土韧性和抗拉强度的方法对提升混凝土性能至关重要。

已有研究表明在普通混凝土中添加短纤维能够有效地克服普通混凝土的自身缺陷，降低混凝土的塑性收缩，提升其抗拉强度和断裂韧性。特别是在普通混凝土中添加两种及以上短纤维可以从多尺度层面上提升混凝土的力学性能。优化设计的混杂纤维混凝土能够发挥纤维的协同增强效应，从而在纤维添加量相同的条件下使混凝土的整体性能得到更大的提升。混杂纤维的协同增强效应与纤维的形状、尺寸、材料、力学特性、添加量等有着直接的关系。只有根据普通混凝土的力学特性，优化设计混杂纤维混凝土中纤维种类、添加量、比例等，才能发挥混杂纤维的协同增强效应。但现有规范和标准在混杂纤维混凝土优化设计方面缺乏有效说明，导致混杂纤维混凝土工程应用缺乏科学指导。

火灾是混凝土建筑结构最严重的潜在风险之一。混凝土建筑结构在使用过程中可能因火灾或者特殊的使用目的而经受高温。在高温环境下，混凝土内部结构发生物理化学变化，其宏观力学性能发生明显劣化，导致混凝土结构整体性坍塌，造成灾难性后果。在混凝土中添加合适的纤维能够有效降低高温造成的混凝土性能衰减。包含钢纤维、聚丙烯纤维、玻璃纤维、碳纤维等纤维的混杂纤维混凝土表现出优越的抗火性能。混杂纤维混凝土已经在建筑、军事和道路等领域的防火工程中进行了广泛的应用。然而，现有的混凝土建筑结构防火设计规范和标准是基于普通混凝土和钢筋混凝土编制的，所以将以上规范和标准应用于混杂纤维混凝土并不合适。混杂纤维的添加改变了混凝土内部结构和力学性能。整体上看，混杂纤维混凝土在高温下表现出与普通混凝土迥异的应力-应变关系和失效模式。因此，对高温环境下混杂纤维混凝土的力学行为进行研究对混凝土结构防火至关重要。

本书通过对不同配比的混杂纤维混凝土坍落度、塑性收缩、抗压强度、抗剪强度、弯曲强度等开展试验测试，分析纤维混杂形式、体积分数等对混凝土和易性、力学性能和协同效应的影响，确定了混杂钢纤维混凝土的最优配比；对混杂钢纤维混凝土开展三点弯曲和Z剪切测试，利用数字图像相关技术分析了混杂钢纤维混凝土弯曲破裂和剪切破断过程，明确了混杂钢纤维对混凝土弯曲破裂形式、裂纹尖端扩展和损伤因子影响规律；对热损伤混杂纤维混凝土开展单轴压缩测试，分析温度对混杂纤维混凝土单轴抗压强度、应力-应变曲线、初始强度、临界强度的影响规律，构建了高温下混杂纤维混凝土应力-应变预测模型；对热损伤混杂纤维混凝土开展三点弯曲试验，分析了两种热损伤混杂纤维混凝土弯曲破裂过程，明确了混杂纤维组合类型对混凝土抗火性能的影响规律；对热损伤混杂纤维混凝土开展浸水养护，分析了浸水养护对热损伤混杂纤维混凝土的修复效果。

由于作者水平有限，书中难免存在不足之处，敬请读者批评指正！

著　者

2024年夏于中国矿业大学

目　录

第1章 绪 论

混凝土因具有价格低廉、制备简单、应用方便等优点而成为一种应用广泛的建筑材料[1-3]。自19世纪20年代开始使用,混凝土的良好的性能便得到了工程界的普遍认可,其应用范围从房屋建筑领域逐步扩展到水利、农业、军事等领域[4-5]。但是混凝土存在一些天然缺陷,制约了混凝土的工程应用。首先,混凝土是一种脆性材料,在发生相对较低应变时即发生脆性破断[6-8]。其次,普通混凝土的抗拉强度较低,仅为其抗压强度的10%,受到拉应力时极易产生损伤破裂,导致整个混凝土结构失稳[9]。最后,混凝土在硬化过程中产生明显塑性收缩,导致其内部产生大量塑性收缩裂缝,影响混凝土的耐久性[10]。混凝土的这些固有缺陷导致其在工程应用中易出现脆性破断、腐蚀等,限制了其应用范围。

研究人员[11-15]对如何消除混凝土原有缺陷,提高混凝土力学性能进行了深入的研究。研究结果表明在混凝土中添加随机分布的短纤维,特别是混杂短纤维,能够改善混凝土内部微观结构,提升混凝土的抗拉强度、断裂韧性、抗冲击性能和耐久性。混凝土损伤断裂是一个从微裂纹的产生和扩展到宏观裂纹形成的一个多尺度损伤破裂过程。混凝土中随机分布的短纤维能够阻止微细观裂纹的扩展,延缓宏观裂纹的产生和扩展,从而提升混凝土的力学性能[16-17]。

混凝土中随机分布的短纤维对混凝土性能的提升程度取决于纤维的含量、形状、材质和组合形式。现有纤维混凝土研究成果为纤维混凝土的工程应用提供了理论和技术支持。但客观地讲,纤维混凝土的优化设计仍需要更加深入的研究。合理的纤维混凝土配合设计不仅能够实现混凝土性能的提升,而且能够减少材料浪费,从而降低生产成本。一方面,混杂纤维混凝土的配合设计尚缺乏相关的标准和规范，纤维混凝土的工程应用缺乏相关的技术指导。例如，现有研究中关于纤维混凝土中纤维添加的体积分数差异较大，从0.1%到4.5%，难以为工程应用提供准确的理论借鉴。较高的纤维添加量可使纤维混凝土产生更好的承载性能，但也会降低其和易性并增加成本[18-19]。另一方面，混杂纤维混凝土中包含两种及以上的纤维，与单一纤维增强混凝土相比，其力学行为更加多变，需要从力学性能、断裂特征等方面对混杂纤维混凝土的增强机制进行深入的研究，为混杂纤维混凝土的优化设计提供完善的理论基础。

混凝土受载过程中内部裂纹的萌生、扩展和融合演变对研究混凝土耐久性和承载性能劣化具有重要的意义。对于素混凝土，峰值载荷之前，其应力-应变曲线表现出明显的线性增长特点，可以采用线弹性力学对其损伤断裂过程进行准确的分析。而对于混杂纤维混凝土，传统的线弹性力学难以对其损伤破裂过程进行有效的分析。混杂纤维混凝土内部随机分布的短纤维能够抑制裂纹尖端的扩展，改变混凝土裂纹扩展区（FPZ）的演变进程，使得混凝土的应力-应变演化表现出明显的非线性关系[20-21]。因此，FPZ的深入研究对混凝土力学性能提升和损伤失效预测至关重要。此外，裂纹扩展区特征的准确描述能够为采用数值模型方法分析混杂纤维混凝土力学行为和破断过程提供数据支持。但与普通混凝土相比，混杂纤维增强混凝土FPZ的研究有限，尤其在混杂纤维参数（如体积分数和纤维组合）对FPZ演变的影响机制方面尚不明确。

1.1 素混凝土材料微观缺陷

水泥砂浆基体、骨料，以及水泥砂浆和骨料之间的界面过渡区（ITZ）是混凝土的三个主要组成部分。混凝土在水化硬化过程中会产生一些原始缺陷，例如微孔隙、微裂纹、黏结弱面等。这些原始缺陷在混凝土受载时成为裂纹萌发扩展基点。因此，采用合适的方法消除或降低混凝土原始缺陷是混凝土研究的一个热点。

从微观结构上看，混凝土原始缺陷主要有以下几种形式。首先，水泥砂浆和骨料之间的界面过渡区特征表现为结合强度较低、孔隙率较高，是混凝土结构的薄弱环节。混凝土水化过程中，游离水更倾向于聚集在骨料周围，致使骨料周围水泥砂浆的水灰比较高，水化后在骨料周围形成一个较为疏松的微观结构层(ITZ)[22]。从力学性能上看,ITZ的整体力学强度较低,受载过程中极易在界面过渡区产生微裂纹,并扩展到其周围的水泥砂浆基质中,从而导致微观结构整体破裂[23]。其次,水泥砂浆中会形成微裂(孔)隙。混凝土水化过程是硬化收缩的过程,水泥砂浆中多余的水分迁移到混凝土外部,引起体积收缩。在硬化收缩过程中产生收缩应力,混凝土硬化初期强度较低,难以抵抗硬化产生的收缩应力,从而在混凝土中产生收缩微裂缝。此外,由于混凝土混合不均匀,混凝土硬化过程中形成一些空洞和弱结合面。加载过程中,微裂纹以混凝土原生微裂(孔)隙或弱结构面为基点扩展、贯通融合。微裂纹阻碍了应力在混凝土中传递,导致微裂纹尖端产生应力集中,驱使微裂纹快速扩展并形成宏细观裂纹。混凝土微细观结构损伤随着裂纹扩展不断增加,当外部载荷超过受损混凝土承载能力时,混凝土材料发生脆性破断失效。

从混凝土原生缺陷产生形式和受载损伤破裂过程看,可以从材料和微观结构两个方面提升混凝土的性能。根据混凝土的水化硬化特点,选择能够消除或降低混凝土原生缺陷的配合材料是提升混凝土力学性能的一种有效方式。例如,采用超细硅粉代替部分水泥能够增强界面过渡区的微观结构,提升混凝土的抗压强度。使用抑制混凝土塑性收缩的添加剂能够降低混凝土塑性收缩裂纹的数量,并提升混凝土的耐久性。但对于实际工程中使用的混凝土,其骨料、水泥种类和外加剂等都是难以改变的。因此通过改变混凝土的微观结构实现混凝土性能的提升是混凝土增强改性的另一种有效方法。

相关研究证明添加纤维可以改善混凝土的性能,特别是抗拉强度、韧性、抗冲击性能。混凝土中随机分布的纤维可以有效桥接混凝土裂缝,抑制混凝土裂缝的扩展和融合。同时,纤维混凝土失效过程中纤维与水泥砂浆基体的脱黏、滑移和变形增加了混凝土裂纹扩展消耗的能量,延缓了混凝土结构的整体失效。纤维对混凝土的增强改性效果与纤维材质、形状、分布、添加量等密切相关。钢纤维比其他类型的纤维表现出更高的黏结力和摩擦力。含有钢纤维的混凝土材料具有较高的承载能力、抗拉强度和断裂韧性。含有聚丙烯纤维的混凝土塑性收缩裂纹明显减少,混凝土内部原生微裂纹数量小于素混凝土。

1.2 纤维对混凝土力学性能的影响

在本书中，仅分析工程中使用最广泛的钢纤维和聚丙烯纤维（PP）。根据纤维的几何形状，纤维可分为微型纤维和粗纤维。

1.2.1 微型钢纤维的作用

对于微型钢纤维，长度一般小于 22 mm，长径比范围为 25 至 150。微型钢纤维与水泥基体之间具有较大的相互作用表面。钢纤维的这些特性使其能够更好地限制裂纹，特别是微细观裂纹的扩展，从而提高混凝土的力学性能。Iqbal 等[24]研究了添加量（体积分数）为 0.5%～1.25%的高强微型钢纤维（长度 12 mm，长径比 65）对高强轻质自密实混凝土性能的影响。当体积分数从 0.5%增加到 1.25%时，劈裂强度和弯曲强度增加了 110%。Ren 等[25]的研究表明混凝土弯曲强度随着微型钢纤维体积分数的增加而增加。当体积分数从 1.0%增加到 1.5%和 2.0%时，四点弯曲载荷-挠度曲线从挠度软化转变为挠度硬化（图 1-1）。但随着宏观裂纹的扩展，微观钢纤维被拉出，峰后弯曲载荷快速下降。

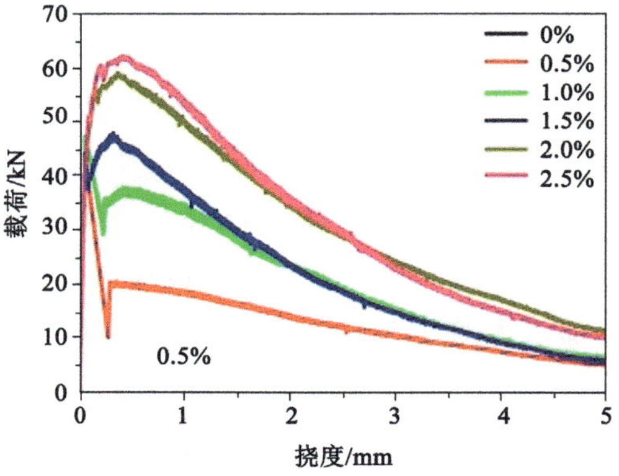

图 1-1　微型钢纤维混凝土四点弯曲载荷-挠度曲线

微型钢纤维对混凝土的另一个重要作用是限制干燥塑性收缩[26]。微型钢纤维具有相对较小的直径和较大的长径比，可以有效抑制水化硬化过程中产生的塑性收缩。混凝土中随机分布的微型钢纤维形成一个能够传递收缩应力的桥接网络，降低混凝土干燥收缩产生的应力集中程度，从而减少了混凝土的干燥塑性收缩变形和裂纹数量。研究表明低添加量(体积分数为 0.5%)的微型钢纤维能显著地降低混凝土的塑性收缩率(图 1-2)[27]。

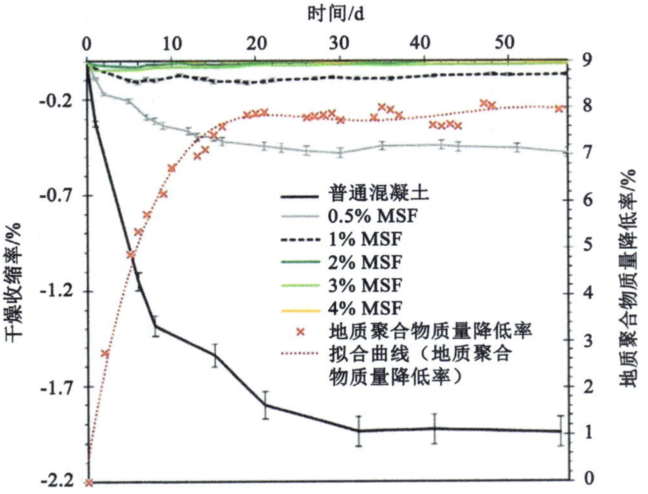

图 1-2 微型钢纤维(MSF)对粉煤灰基地质聚合物收缩和质量损失的影响

Wu 等[28]研究了微型钢纤维的形状和体积分数对超高性能混凝土干燥收缩的影响。结果表明：体积分数为 2.0%的微型钢纤维(长度 13 mm，长径比 65)使混凝土 90 d 干燥收缩率降低了 26%。其他研究中也观察到了一些类似的结果。值得注意的是，合理纤维含量才能对干燥收缩应变产生最有效的限制。纤维含量与混凝土干燥收缩率之间并不是简单的线性关系。微型钢纤维对混凝土干燥收缩的抑制效果取决于微型钢纤维含量和形状、混凝土特性以及环境条件。

相关研究在微型钢纤维对混凝土单轴抗压强度的作用方面存在争议。一些研究表明微型钢纤维的存在能够提升混凝土的抗压强度。Ma 等[29]对微型钢纤维增强轻质混凝土的力学性质进行了研究。研究结果表明：当微型钢纤维(长度 13 mm，长径比 65)的体积分数从 0%增加到 2.0%时，抗压强度增加了 19%～42%。Ren 等[25]研究表明：在高强混凝土中添加体积分数为 2.5%的微型钢纤维，混凝土的单轴抗压强度提高了 29.8%。Dhanapal 等[30]发现在混凝土中添加微型钢纤维，混凝土的单轴抗压强度提高了 75%左右。但另一些研究发现微型钢纤维的存在使得混凝土的抗压强度降低。Ranjbar 等[27]发现在混凝土中添加体积分数为 1.0%的镀铜微型钢纤维(长度 22 mm,长径比 110)时,混凝土 56 d 单轴抗压强度下降了 7%。微型钢纤维在混凝土抗压强度方面的差异性与素混凝土的力学性能、微型钢纤维的几何参数和添加量有着直接的关系。

对于微型钢纤维增强混凝土来说,和易性降低是其在设计时需要重点考虑的问题。从几何形态上看,微型钢纤维长度小、长径比大,在搅拌过程中容易发生团聚。在实际应用中,当微型钢纤维的添加量超过某一值时,混凝土中微型钢纤维极易在搅拌过程中产生大量团聚,从而导致混凝土的和易性降低,影响工程应用效果。

Iqbal 等[24]指出,当微型钢纤维含量超过 0.75%时,纤维混凝土的和易性明显降低。Ding 等[31]的研究也得到了类似的结果,当微型钢纤维(长度6 mm,长径比 37.5)的含量从 10 kg/m^3 增加到 30 kg/m^3 时,流动性从 2.5 m/s 下降到 1.5 m/s。混凝土和易性的降低影响混凝土结构中的密实度,增加混凝土中的孔隙和微裂纹,导致混凝土微观结构承载性能降低。因此,选择合适的微型钢纤维类型及恰当的微型钢纤维含量保持混凝土的和易性对纤维混凝土整体性能提升至关重要。

1.2.2 粗钢纤维的作用

对于粗钢纤维,长度在 22 mm 到 65 mm 之间,长径比范围为 20 到 70。一方面,与微型钢纤维相比,粗钢纤维的直径和长度相对较大,与混凝土基质有较大的接触面积,能够承受较大的拉应力而不发生脱黏滑移,从而能够更好地控制宏观裂纹的扩展。另一方面,粗钢纤维在宏观裂纹形成之后能够在较大范围内桥接宏观裂纹,从而降低混凝土内部的应力集中程度,降低裂纹扩展速度,使得含有粗钢纤维的混凝土具有较高的弯曲强度、残余强度和断裂韧性[17]。

粗钢纤维对混凝土产生的性能增强主要表现在混凝土抗拉(弯)和抗剪切强度的提升。与素混凝土相比,粗钢纤维混凝土的弯曲强度、断裂韧性和抗冲击性能等指标明显提高。Lee 等[32]研究表明:当粗钢纤维(长度 60 mm,长径比 65)的体积分数从 0.25%增加到 0.5%时,混凝土弯曲强度和峰后强度分别增加了 41.58%和 134.88%。随着粗钢纤维体积分数的增加,混凝土弯曲应力-挠度曲线出现塑性硬化，并且断裂韧性明显增加。粗钢纤维增强混凝土受载破裂过程中，粗钢纤维脱黏、滑移和拔出过程增加了宏观裂纹扩展和融合所需的能量，混凝土的失效模式从脆性断裂转变为塑性失效(图1-3)[33]。

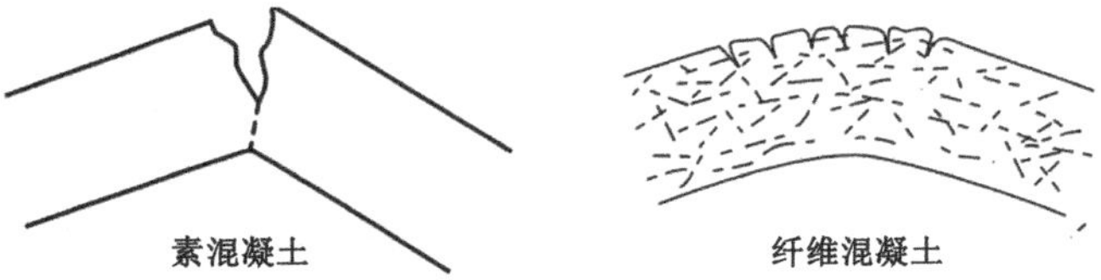

图1-3 素混凝土和纤维混凝土的破坏模型

粗钢纤维对混凝土硬化过程中的干燥塑性收缩也能产生一定的抑制作用。研究表明，在混凝土中添加0.25%、0.50%、1.0%和1.5%的粗钢纤维(长度35 mm，长径比64)，混凝土210 d龄期塑性收缩率减少了10%、21%、25%和26%[34]。80 kg/m^3 的钩端钢纤维添加量可使混凝土的干燥收缩应变降低40%[35]。但也有研究[36]表明，粗钢纤维的添加对混凝土塑性收缩不产生明显的影响。这些差异与测试条件、纤维类型和纤维添加体积分数有关。

与微型钢纤维类似，粗钢纤维对混凝土抗压强度的影响也存在一些争议。相关研究[37]指出：当添加0.5%(体积分数)的钩端钢纤维(长度30 mm，长径比60)时，混凝土抗压强度提高了30%。张玉杰等[38]发现在混凝土中添加体积分数为1.5%的钩端钢纤维(长度30 mm，长径比60)，28 d龄期混凝土抗压强度增加23.8%。Atiş等[34]研究表明：添加双钩端钢纤维(长度35 mm，长径比64)对混凝土长期抗压强度未产生明显影响，纤维的体积分数从0.25%增加到1.5%时，混凝土单轴抗压强度仅增加了10%。还有一些研究结果表明，粗钢纤维的存在会降低混凝土的单轴抗压强度。例如，添加2.0%的粗钢纤维使中强度混凝土和高强度混凝土的单轴抗压强度分别降低了18.6%和7.5%[39]。

粗钢纤维的存在对混凝土的和易性和工作性产生负面作用。但与微型钢纤维相比，粗钢纤维对混凝土和易性和工作性的影响相对较小。Figueiredo等[40]研究了钩端钢纤维的体积分数和长径比对混凝土工作性的影响。研究结果表明：混凝土的和易性随着粗钢纤维的体积分数的增加而降低，长径比越大的粗钢纤维对混凝土工作性的影响越明显。赵燕茹等[41]和Cao等[18]发现添加钩端钢纤维降低了自密实混凝土的流动性和和易性。钩端钢纤维与聚丙烯纤维混合对混凝土的和易性和工作性能产生较为明显的影响，特别是钢纤维与长径比大的聚丙烯纤维混合时容易在混凝土中产生团聚，导致混凝土的和易性降低。对粗钢纤维增强混凝土，为了获得更好的力学性能和和易性，应对粗钢纤维混凝土的配合比进行优化设计。

1.2.3 混杂纤维的作用

微型纤维和粗纤维均是通过抑制混凝土内部裂纹扩展实现混凝土力学性能的强化。微型纤维和粗纤维对混凝土断裂裂纹扩展有着不同的作用（图 1-4）。

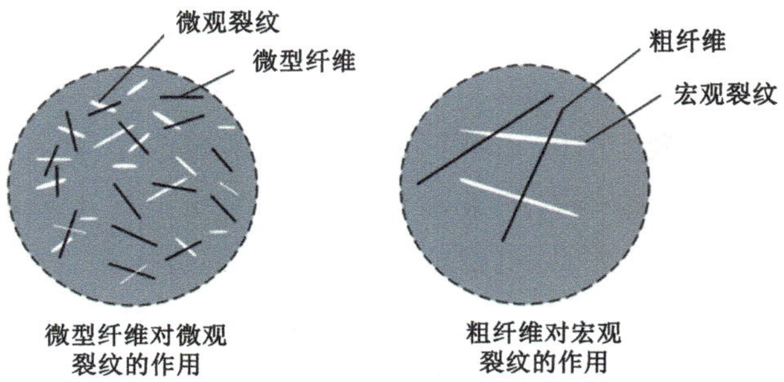

图 1-4　微型纤维和粗纤维对混凝土裂纹扩展的影响

微型纤维具有较小的直径和较大的长径比，能够有效地抑制微观裂纹扩展和贯通，延缓宏细观裂纹的形成。随着载荷的增加，微观裂纹尖端应力集中程度增加，微型纤维与混凝土基体产生脱黏，微观裂纹扩展形成宏细观裂纹。微型纤维随着宏观裂纹的扩展而被拉出，失去对裂纹的约束作用。粗纤维具有较长的长度且与混凝土基体之间黏结强度较高，能够对混凝土中的宏细观裂纹进行桥接，使得应力通过粗纤维在宏细观裂纹之间传递，降低裂纹尖端的应力集中程度，抑制宏观裂纹的扩展，延缓混凝土结构的整体损伤破裂。同时，粗纤维脱黏拉出需要消耗额外的能量，从而使得混凝土在峰后阶段仍然具有一定的承载能力。从混凝土断裂过程看，混凝土受载断裂过程是从微观裂纹形成扩展到宏细观裂纹贯通融合的多尺度损伤破裂过程。因此对混凝土断裂过程中微观、细观和宏观裂纹进行有效抑制对提升混凝土力学性能至关重要。与单一纤维相比，粗纤维和微型纤维组成的混杂纤维能够对微观和宏细观裂纹进行有效的抑制，从而在延缓混凝土损伤破裂上产生协同效应，提升混凝土结构的整体承载能力[42-45]。由于混杂纤维在混凝土性能增强等方面的协同效应，混杂纤维混凝土受到科研人员和工程界越来越多的关注。

混杂纤维对拉伸弯曲载荷作用下混凝土裂纹扩展产生更强的抑制作用。对于单一纤维混凝土，在弯曲载荷作用下，单一纤维只能阻止或抑制单一尺度裂纹的萌生、扩展和融合，对多尺度裂纹不能产生有效的抑制作用[46]。但是微型纤维和粗纤维配合能够在抑制多尺度裂纹扩展方面产生协同增强效应，从而能够更加有效地提升混凝土的力学性能。在弯曲载荷作用下，混杂纤维对微观-细观-宏观裂纹的萌生、扩展和宏观裂纹的扩展产生更加明显的限制作用[47-48]。弯曲载荷作用下，混杂纤维混凝土在峰值载荷前表现出更明显的应变硬化行为，失效模型由单一裂纹变为多分支裂纹，如图 1-5 所示。需要注意的是，如果混杂纤维（包括纤维类型、体积分数比）配合设计不当，混杂纤维将难以在抑制裂纹扩展和力学性能强化方面产生协同效应，甚至还可能产生负面效应。

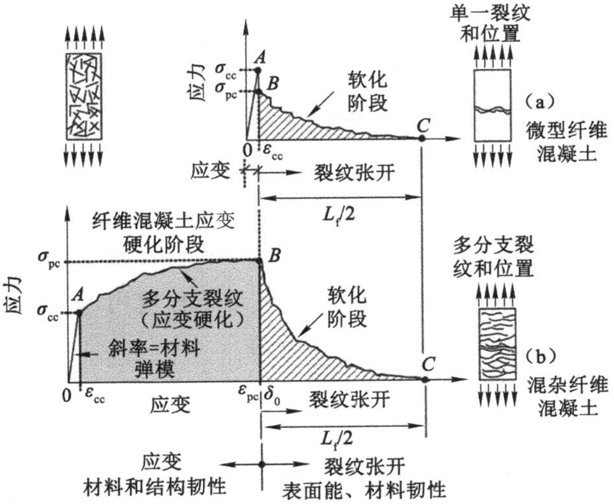

图 1-5 纤维混凝土的典型拉伸应变软化和硬化行为

与单一钢纤维相比，混杂纤维对混凝土干燥收缩率既能产生积极的影响，也能产生负面影响[49-50]。对于优化设计的混杂纤维混凝土，混杂纤维能够在混凝土中实现均匀分布，避免混杂纤维在搅拌过程中产生团聚。混凝土中随机分布的混杂纤维可以有效传递干燥收缩产生的收缩应力，降低混凝土中的应力集中，从而减少混凝土中产生的干燥收缩裂纹数量。同时，混凝土中随机分布的混杂纤维能够有效抑制收缩裂纹的扩展，从而降低由混凝土干燥收缩产生的损伤。但是，如果混杂纤维与素混凝土的性能不匹配，就会出现负面效应。在这种情况下，混杂纤维的存在可能会增加混凝土中的孔隙、原始裂缝，导致收缩裂纹增加。

与单一纤维类似，混杂纤维对混凝土单轴抗压强度的影响存在着不一致性[51-53]。混杂纤维混凝土单轴抗压强度与素混凝土抗压强度和混杂纤维的种类等有关。在混凝土中添加合适的混杂纤维通常能够使混凝土的抗压强度提升 10％～35％。然而，根据一些研究，混杂纤维的效果可能受具体条件影响，在某些情况下，混杂纤维的添加对混凝土的抗压强度不产生明显的影响，甚至出现降低的情况。混杂纤维的存在改变了单轴载荷下混凝土的失效形式[54,55]。与单一纤维增强混凝土相比，单轴压缩载荷作用下混杂纤维增强混凝土破裂时产生更多的裂纹，峰值载荷处的应变更高。

关于混凝土的和易性，无论是添加单一纤维还是混杂纤维都会降低混凝土的和易性。但是可以在考虑混凝土骨料、水泥性质、纤维种类等基础上对混杂纤维混凝土进行优化设计将混杂纤维对混凝土流动性和和易性的影响降低到最低程度，从而满足混凝土工程应用对和易性等相关要求。一些研究[3,56-57]中，通过调控混凝土骨料尺寸、水灰比等参数，使混凝土与混杂纤维具有良好的相容性，最终使混杂纤维混凝土的和易性达到工程使用水平。在实际应用中，为了使混杂纤维混凝土的和易性、流动性等满足工程使用需求，需要使用一些特殊的混凝土添加剂，如高效减水剂、缓凝剂等。

1.2.4 混杂纤维的种类

混杂纤维混凝土的性能与其内部纤维增强材料的性能有着直接的关系。本书介绍的混凝土增强材料仅考虑短纤维。混杂纤维混凝土中至少包含两种不同的短纤维。短纤维在尺寸（粗纤维和微型纤维）、形状（直、扭曲、钩端）和材料（钢、有机和无机）等方面存在差异。优化设计的混杂纤维能够在混凝土性能增强方面发挥协同效应，从而实现混凝土力学性能的显著提升，同时具有良好的经济效益。

图1-6给出了过去十年在谷歌学术中被检索到不同类型的混杂纤维混凝土的百分比。根据近十年混杂纤维混凝土的研究现状可以看出，包括钢纤维(SF)混杂纤维占68.8%。钢纤维和聚丙烯纤维(PP)混杂占27.3%。同时，由于其良好的加固效果，钢纤维与聚乙烯醇纤维(PVA)或玄武岩纤维(BF)等其他类型的混杂纤维也受到关注，其他类型的纤维(如碳纤维、尼龙纤维)也存在一些混杂。本章仅将钢纤维和聚丙烯纤维作为混凝土结构中最常用的混杂增强材料进行讨论。

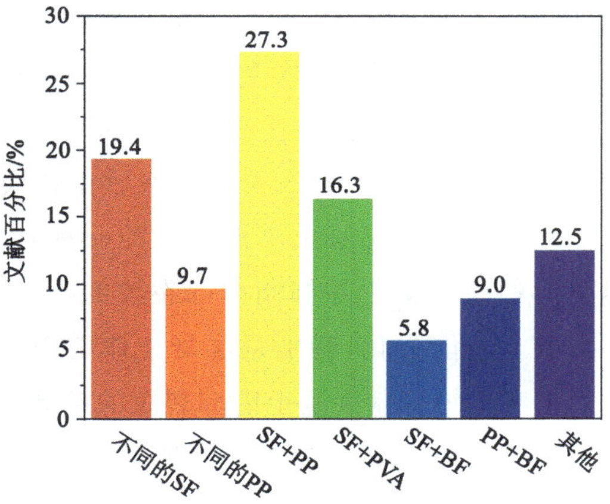

SF—钢纤维；PP—聚丙烯纤维；PVA—聚乙烯醇纤维；BF—玄武岩纤维。

图1-6 近十年中不同混杂纤维增强混凝土文章百分比

(数据来自谷歌学术)

1.3 混杂纤维混凝土抗火性能研究现状

火灾是大多数混凝土建筑最严重的潜在风险之一[58-59]。混凝土结构可能会因火灾或特殊用途而经历高温[60]。从混凝土主要组成上看，混凝土中的粗骨料、细骨料、水泥、外加剂等均属于不可燃材料。因此，混凝土常常被看作一种具有良好耐火性的材料。但是在火灾或高温环境下，混凝土会产生明显的热损伤，其力学性能产生明显的劣化，导致整个混凝土结构产生损伤破断。

混凝土热力学响应取决于混凝土主要组成成分、水分含量和孔隙率等。与木材、钢材和化学合成建筑材料相比，混凝土由于其低导热性和不燃性，在高温下表现出更好的性能[61]。然而,低导热性和不燃性并不意味着混凝土结构在发生火灾或者经历高温时是安全的[62]。当混凝土经历高温时,混凝土致密的微观结构抑制了内部水分的蒸发,在混凝土中产生较高的蒸汽压,导致混凝土微观结构损伤劣化[58,63]。同时,由于混凝土的低导热性,在经历火灾高温时,混凝土从表面到内部产生一个温度差(热梯度)。极高热梯度在混凝土构件中产生相当大的热应力[59,64]。蒸汽压和热应力激活了混凝土微观和宏观裂纹的产生、扩展和贯通,降低了混凝土结构的承载性能。此外,混凝土主要组成成分的化学变化导致混凝土承载性能劣化。当温度超过一定水平时,混凝土中的水化产物和骨料发生热分解,导致混凝土微观结构受损,其承载能力随之急剧降低。混凝土结构在经历火灾或者高温时容易发生结构性倒塌,造成灾难性后果,例如1996年连接法国和英国的隧道火灾,2022年湖南长沙电信大厦火灾。

在混凝土中添加纤维是降低混凝土高温损伤的一种有效的方法。纤维的存在能够降低高温引起的应力集中并抑制内部裂纹的扩展[65-67]。研究表明聚丙烯纤维对高温下混凝土性能劣化,特别是混凝土炸裂剥落,有着明显的抑制作用[68-70]。钢纤维能够有效地抑制混凝土内部裂纹的扩展,提升混凝土抗拉强度和断裂韧性。但是钢纤维对混凝土抗高温性能的影响没有统一结论。钢纤维在一定程度上能够抑制高温导致裂纹的扩展并能够提升混凝土导热能力。然而,添加钢纤维会在混凝土中引入新的原生孔隙和微裂纹,为高温下微裂纹扩展提供更多的结构弱点[71]。

混杂纤维对混凝土力学性能的协同增强优势已经获得研究人员的广泛认可。研究表明优化设计的混杂纤维在混凝土耐火性能提升方面具有一定的优势[72-73]。混杂纤维混凝土在工程结构防火中已广泛应用。但是混凝土抗火性能的理论研究与其广泛的工程应用之间存在一定的差距。现有的混凝土抗火(防火)设计规范[61,74-75]是基于素混凝土和钢筋混凝土编制的。因此,将现有的建筑防火设计规范和标准直接用于混杂纤维增强混凝土可能并不合适。混杂纤维的存在改变了混凝土的内部结构,导致高温下混凝土力学行为的变化,例如高温下的应力-应变关系和失效模型。因此,需要对混杂纤维混凝土抗火性能进行更加深入的研究,为混杂纤维混凝土的工程防火应用提供更加完善的理论指导。

与拆除重建相比,采用合适的方法将热损混凝土建筑结构修复到安全可用水平是减少混凝土使用和降低水泥碳排放量的有效方法[76]。为了实现这一目标，需要对热损伤混凝土修复方法进行深入的研究。热损伤混凝土结构增强修复方法主要分为结构增强法和自修复法。结构增强法是在热损伤混凝土结构中增加新的结构构筑物（钢结构，钢筋混凝土梁柱），从而提升受损混凝土结构的整体刚度和结构韧性。该种方法需要在整个受损结构中增加较多的增强性结构，施工周期较长，修复成本较高。热损伤混凝土自修复法是根据热损伤混凝土主要成分化学变化，采用一定的再养护形式使热损伤混凝土发生二次水化过程，实现热损伤混凝土自修复，提升热损伤混凝土结构的整体承载能力。现有的热损伤混凝土自修复方法主要有浸水再养护法、自然养护法、纤维增强聚合物法等[77-79]。其中浸水再养护法是一种技术简单且经济上可行的热损伤混凝土自修复方法[80-81]。但是现有研究对热损伤混凝土浸水再养护修复方法的研究相对较少，工程实际应用方面缺少完善的理论指导。

虽然研究人员对热损伤混凝土的力学行为进行了深入的研究，相关的研究结果为混凝土结构防火设计和火灾后混凝土构筑物安全评价提供了理论依据。但关于混杂纤维混凝土热损伤性能的研究相对缺乏，特别是对于其热损伤力学评估和灾后修复方法，仍缺乏完善的理论指导。

1.3.1 钢-聚丙烯混杂纤维混凝土高温劣化机理

钢纤维与聚丙烯纤维混杂的混凝土是一种由水、混凝土水化基体、骨料和短纤维组成的复合材料。混杂纤维混凝土各组分在高温下发生物理和化学变化，引发混杂纤维混凝土微观结构产生损伤，最终导致混凝土力学性能和承载能力产生明显劣化（图 1-7）。高温下混杂纤维混凝土的物理性热损伤主要由蒸汽压力、热应力、不均性膨胀以及聚丙烯纤维熔化引起。化学性热损伤主要是由混凝土水化产物、骨料的高温热分解和钢纤维的氧化引起的。总体上混杂纤维混凝土存在五种热损伤劣化机制：蒸汽压力、热应力、化学分解、钢纤维氧化和聚丙烯纤维[33,81-83]熔化。

(1) 蒸汽压力

混凝土中的水以自由水、凝胶水和化学水三种形式存在[84-85]。随着温度的升高，混凝土中的水转变为水蒸气从混凝土内部向外部蒸发。但是混凝土致密的微观结构限制混凝土内部水蒸气的蒸发，导致水蒸气在混凝土内部聚集并产

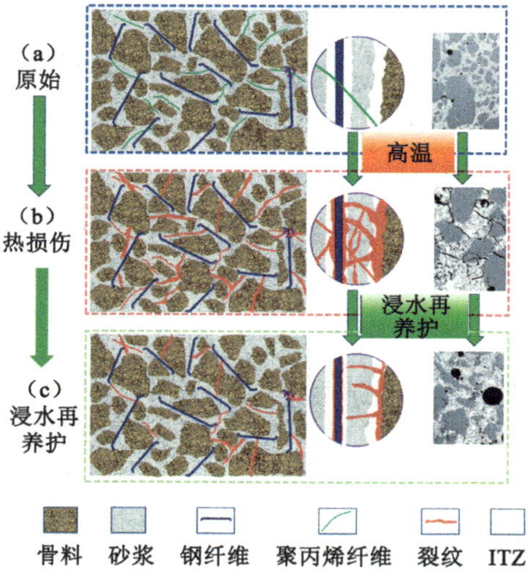

图 1-7　混杂纤维混凝土热损伤及浸水再养护自修复过程

生高压蒸汽压力。当高压蒸汽压力超过混凝土微观结构承受能力时，混凝土内部微裂纹萌发、扩展和融合被激活。随着裂纹扩展范围的增加，混凝土微观承载结构产生损伤破裂，导致混凝土力学性能产生明显损伤劣化。混凝土中的蒸汽压力可以通过埋设在混凝土中的温度-压力传感器进行测量。

当混凝土内部温度达到 150～400 ℃时，其内部的游离(自由)水蒸发。在这一阶段内，混凝土的抗压强度和抗拉强度均有一定的提升。这种力学性能的增强与混凝土游离水蒸发产生的低强度蒸汽压力有关。低强度的蒸汽压力在混凝土内部形成一个蒸汽压力区，促使混凝土中未水化的水泥颗粒发生水化反应，从而减小了混凝土内部的原生缺陷。当混凝土内部温度超过 200 ℃时，存在于硅酸钙水合物(C—S—H)层间的凝胶水发生键合破坏并蒸发。凝胶水的蒸发使 C—S—H 结构收缩，导致混凝土主要微观承载结构破坏。同时，凝胶水的蒸发增加了混凝土内部的蒸汽压力，对混凝土的微观结构造成进一步的破坏。当温度超过 500 ℃时，混凝土中主要水化产物发生化学分解，水化产物中的化学水蒸发[图 1-7(b)]。在这一阶段内，水化产物的分解造成混凝土的微观结构发生整体性破裂，混凝土中产生大量的宏细观裂缝，导致混凝土承载能力急剧下降。当温度达到 900 ℃时，混凝土几乎失去承载能力，单轴抗压强度和抗拉强度仅为初始强度的 10%。

在升温速率较高(超过 10 ℃/min)时,微观结构致密的高强度混凝土易出现崩裂剥落。高温下混凝土崩裂剥落主要是由两种原因导致的。第一种是孔隙压力导致的混凝土崩裂。混凝土是一种结构致密的低渗透性复合材料。在受到火灾或者高温影响时,距离受热表面较近的浅部的毛细水通过受热表面蒸发到混凝土外部;距离受热表面较远的毛细水则向混凝土内部蒸汽压力较小的方向流动,并在温度约为 100 ℃的层位聚集,形成毛细水饱和层。深部毛细水饱和层阻止毛细水的进一步下渗,毛细水集中于饱和层附近,从而增大了该区域的孔隙压力。当饱和层附近孔隙压力和热应力形成的叠加拉应力超过混凝土的抗拉强度时,混凝土即发生崩裂剥落(图 1-8)。理论分析和试验测试表明:普通强度混凝土所能承受的最大孔隙压力在 1 MPa 以下,而高强度混凝土所能承受的最大孔隙压力在 2～3 MPa 之间[86-88]。第二种是混凝土热应力导致的崩裂剥落,相关内容将在下一项中进行具体分析。

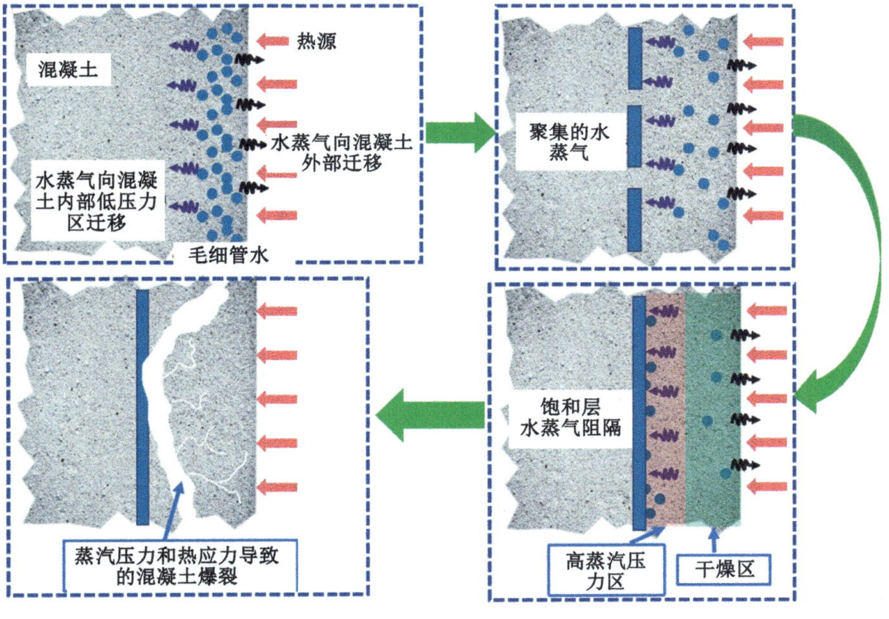

图 1-8 混凝土崩裂剥落示意图

(2) 热应力

混凝土高温下的热应力损伤有两种机制:第一种是热梯度机制;第二种是

热膨胀机制。

热梯度机制与混凝土的低导热系数有关[89-90]。在高温下，混凝土的低导热系数延长了热量从受热表面传递到中心区域的传递时间，从而在受热表面和混凝土中心形成温度梯度(热梯度)。较高的温度梯度导致在平行于混凝土受热表面方向形成压应力，同时在垂直于受表热面方向产生一个较高的拉应力。当垂直于受表热面方向的拉应力超过混凝土的抗拉强度时，混凝土发生崩裂剥落(图 1-9)。热梯度是造成混凝土高温爆裂的第二大原因，其对混凝土性能的劣化与混凝土的导热系数、抗拉强度以及升温速率密切相关。因此，通过在混凝土中添加钢纤维来提升混凝土导热系数和抗拉强度是降低混凝土崩裂剥落的一种有效的方法。

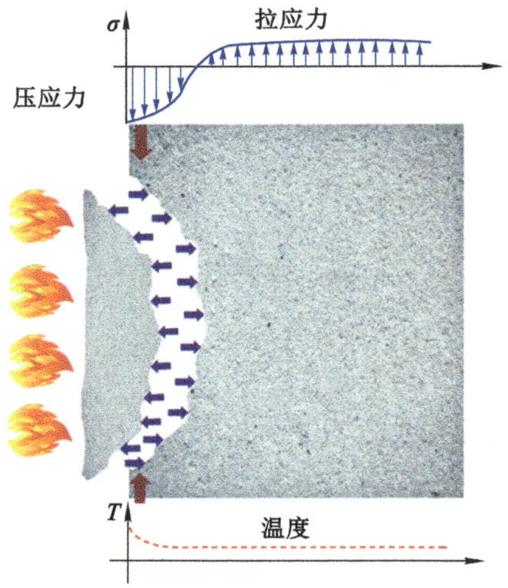

T—温度；σ—加热混凝土中的应力。

图 1-9　混凝土热梯度剥落示意图

热膨胀机制与骨料与水泥基体各自的热膨胀系数之间的差异有关[91-92]。混凝土在经受高温时，内部的骨料因受热产生膨胀，而硬化的水泥砂浆基体在受热时产生收缩变形。这种非协调的变形在骨料附近的水泥砂浆基体中产生拉应力，从而在混凝土界面过渡区中产生较多的微裂纹，导致界面过渡区的强度急剧下降。与蒸汽压力和热梯度相比，热膨胀对混凝土造成的损伤主要发生在界面过渡区。界面过渡区损伤直接导致混凝土弹性模量和抗压强度等产生明显降低。不协调热变形对混凝土损伤的程度取决于骨料的性质。例如，与含有钙质骨料的混凝土相比，含有硅质骨料的混凝土界面过渡区(ITZ)热损伤更为严重。对于钢纤维混凝土，钢纤维与砂浆之间的ITZ处也会产生裂纹(图1-7)。

(3) 混凝土水化产物热分解

混凝土中的水泥砂浆基体主要成分包括氢氧化钙[$Ca(OH)_2$]、水化硅酸钙(C—S—H)和碳酸钙($CaCO_3$)。这些水化产物在经受高温时会发生化学分解，引起混凝土微观结构发生变化，导致混凝土中产生较多的宏细观裂纹。化学分解损伤与物理性损伤叠加，引发混凝土微观结构发生整体性损伤破裂，导致其承载能力急剧下降。

当温度超过500 ℃，水化产物中的氢氧化钙[$Ca(OH)_2$]会脱水生成氧化钙(CaO)[93]。氢氧化钙的体积比氧化钙的体积大，氢氧化钙脱水分解导致混凝土中产生大量的微裂缝[81]。火灾(高温)后，空气中的水与氧化钙产生反应生成氢氧化钙，导致受损混凝土中的裂缝进一步扩展。

水化硅酸钙(C—S—H)是水泥砂浆的主要成分，同时也是水泥砂浆基质的主要承载结构。高温环境下C—S—H的分解导致混凝土力学性能严重劣化。研究表明C—S—H的脱水活化能量在83.69～371.93 kJ/mol之间变化，这意味着C—S—H的分解过程跨越的温度范围比较广[94-95]。C—S—H分解过程的复杂程度与其自身复杂的结构组成和稳定性有着直接的关系。研究指出C—S—H在温度达到200 ℃时开始脱水，750 ℃时脱水结束。当温度从200 ℃升高到300 ℃，部分C—S—H层解聚成较短的链，部分脱水成无水C_nS。当温度达到450 ℃时，C—S—H层完全解聚。当温度达到750 ℃时，C—S—H完全脱水为C_nS，混凝土中水泥砂浆基质微观结构发生整体性损伤断裂。当温度达到750 ℃以上，$CaCO_3$分解为CaO，热损伤混凝土的承载能力进一步下降。

骨料的矿物成分和孔隙率对高温下混凝土性能有着至关重要的作用[96]。在高温环境中，高孔隙率的骨料可能会因水分蒸发而开裂。骨料的矿物成分决定了骨料的分解的难易程度。对于硅质骨料，如花岗岩和砂岩，当温度达到573 ℃时即发生分解，骨料中石英的形态也发生改变。对于碳酸盐骨料，当温度超过700 ℃时，骨料开始发生分解，如图1-10[97]的SEM图像所示。因此，骨料的矿物成分和孔隙率不同，导致混凝土具有不同的热响应。

(4) 纤维的氧化和熔化

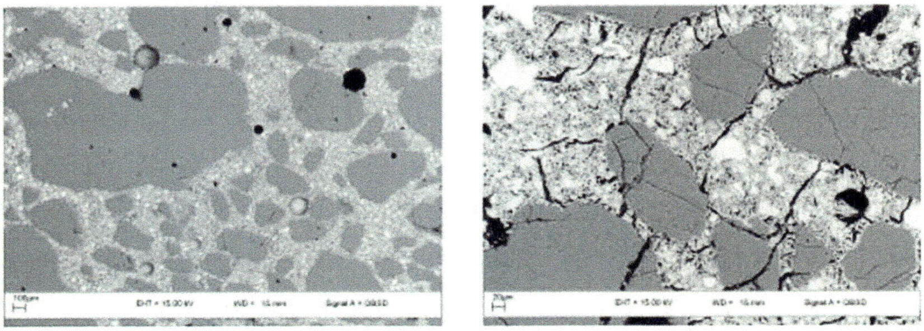

（a）20 ℃　　　　　　　　　　　　　（b）750 ℃

图 1-10　20 ℃（左）和 750 ℃（右）高温环境下混凝土的 SEM 图像

纤维，特别是钢纤维，可以有效抑制混凝土裂缝的扩展。但在高温下，纤维的物理和化学性质改性降低了抑制裂纹开裂的效果。聚丙烯纤维在相对较低的温度（低熔点）下发生熔化和蒸发，从而失去了对裂纹扩展的抑制作用，导致高温下微裂纹快速扩展（见图 1-7）。对于钢纤维混凝土，高温环境下钢纤维容易发生氧化，从而导致钢纤维与混凝土基质黏结强度降低，使混凝土力学性能劣化[98]。在 700 ℃以下，水化产物分解会导致钢纤维黏结强度下降，但钢纤维的力学性能几乎不受高温影响。当温度超过 700 ℃时，钢纤维开始发生氧化（图 1-11[97]），导致其力学性能减弱。

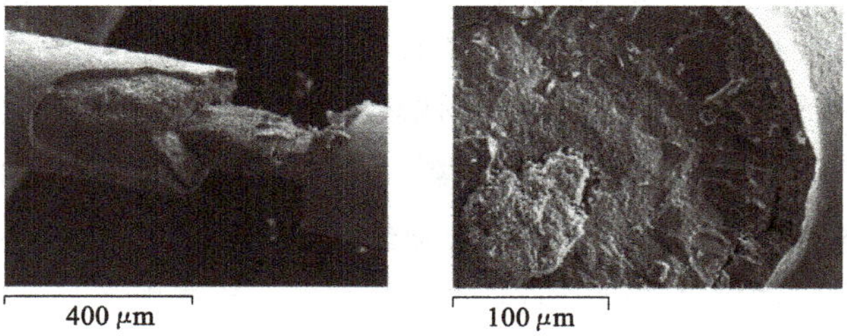

图 1-11　750 ℃时的钢纤维氧化

1.3.2　测试条件对混凝土抗火性能影响

测试条件对混凝土的高温性能有相当大的影响，特别是加热方式、加热过程和测试状态。

（1）加热方式

加热方式是指加热试样所使用的设备。加热方式影响加热过程中加热速率和目标温度的准确性。根据高温下混凝土性能研究中使用的设备，加热方式主要有电炉、火和辐射加热三种（图 1-12[66,99]）。

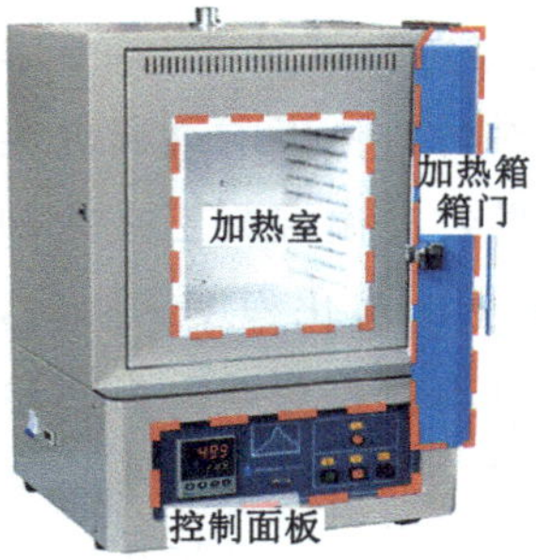

（a）电炉

（b）火

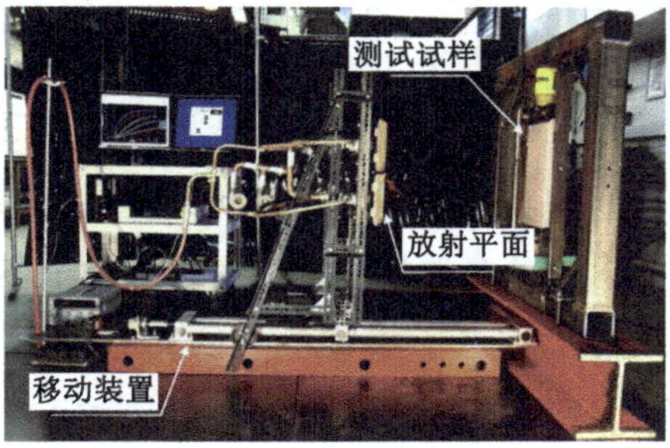

（c）辐射加热

图 1-12　混凝土实验室加热方式

电炉是应用最广泛的加热装置，其加热速率、目标温度、保温时间和冷却速率均可精确控制。火加热是模拟火灾真实情况的最佳加热方式。然而，火加热方式加热速率和目标温度无法精确控制。辐射加热可以远距离加热混凝土试样，有利于监测混凝土试样在加热过程中的各种变化。热辐射方式的保温时间和目标温度能够精确控制，但是加热速率和冷却速率难以实现同样有效的精确控制。

（2）加热过程

加热过程，包括加热速率、目标温度的保温时间和冷却速率，对受高温影响混凝土的力学行为有重要影响[100-101]。一般来说，较高的加热速率会在混凝土中产生较大的热梯度和较高的蒸汽压，加速裂纹的扩展。为了分析热损伤混凝土的残余力学强度，研究中广泛采用 0.5～10 ℃/min 的相对较低的加热速率以保持试样的完整性。

混凝土在目标温度下保温时间越长其力学性能损伤越严重。当采用较低的加热速率(1 ℃/min 和 10 ℃/min)时，建议保持目标温度 1～2 h，从而使混凝土试样内部达到均匀的目标温度。冷却速率的变化影响高温混凝土从中心区域到表面的温度梯度。较快的冷却速率会导致高温混凝土在冷却过程中产生一个较高的温度梯度，从而加剧热损伤混凝土的劣化程度。同时，冷却方法对高温混凝土的散热速率和高温后化学反应有着直接影响。自然冷却法是加热后的混凝土在高温炉中自然冷却，冷却速率在 0.2 ℃/min 到 2.5 ℃/min 之间。快速冷却法是将高温加热后的混凝土直接放入低温环境中对高温混凝土进行降温，冷却速率一般在 2.5 ℃/min 以上。水冷却是高温混凝土快速冷却中较为常用的一种方法。

(3) 测试状态

热损伤混凝土的测试状态分为：有应力、无应力和无应力残余三种。

对于有应力测试，混凝土试样在加热的同时对其施加恒定压力，在达到目标温度时对试样进行力学性能测试[97]。在无应力试验过程中，试样在未施加预应力的情况下被加热，并在目标温度下进行力学测试。无应力残余测试是试样在无预应力情况下被加热到目标温度，在冷却到室温时再对其进行力学性能测试。从混凝土在火灾中承受载荷角度看，应力测试方法比其他两种方法能够更好地反映混凝土在火灾中的真实力学行为。采用应力测试方法时，热损伤混凝土表现出更高的单轴抗压强度(图 1-13[33])。图 1-13 中的名义抗压强度是热损伤混凝土的单轴抗压强度与未受热损伤混凝土单轴抗压强度的比值。对于有应力测试环境下，施加的外部载荷对热应力和蒸汽压力耦合驱动的微裂纹的扩展产生一定的限制作用，延缓了宏观裂纹的形成，从而使混凝土能够在相同的高温环境下承受更高的载荷。对于含有钢纤维的混凝土，应力试验条件下的断裂能低于残余试验条件下的断裂能。聚丙烯和钢纤维混杂对热损伤纤维混凝土的单轴抗压强度和断裂能产生协同效应[102-103]。对于无应力残余测试条件，冷却期间产生热收缩使得 ITZ 中产生更多的微裂纹，导致热损伤混凝土力学性能的进一步劣化[33]。

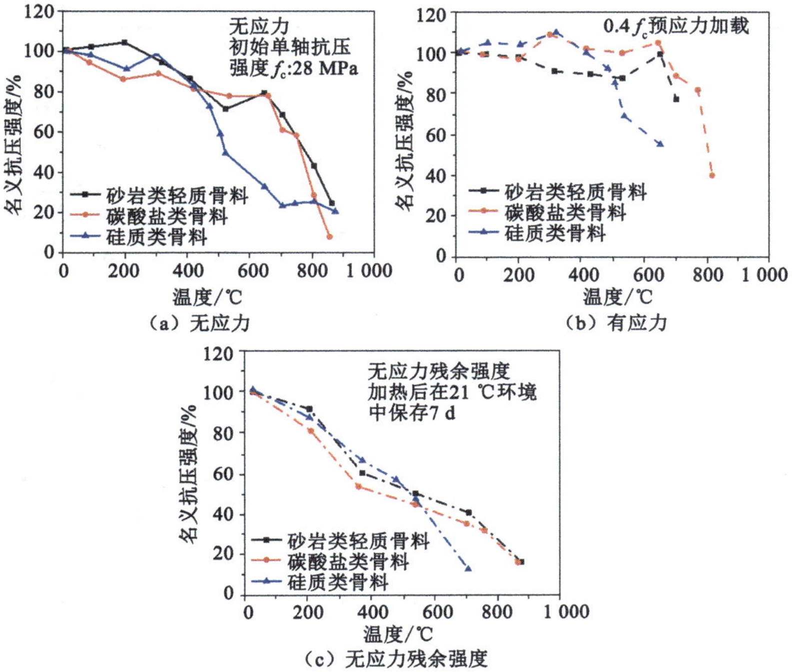

图 1-13　测试条件对不同骨料混凝土抗压强度的影响

1.3.3　热损伤混杂纤维混凝土的力学性能

本节中的混杂纤维混凝土为聚丙烯纤维和钢纤维混杂混凝土，力学性能为无应力残余强度试验条件，加热速率在 0.5～13.3 ℃/min 之间。表 1-1 总结了文献中关于热损伤混杂纤维混凝土的试验测试条件和力学特性。

表 1-1　热损伤混杂纤维混凝土力学测试

参考文献	混杂纤维参数								加热过程				混凝土种类	力学特性		
	钢纤维			复合材料纤维					M.T /℃	加热速率 /(℃/min)	保持时间 /h	冷却方法		f_c	f_{ft}	f_{sp}
	D /mm	L /mm	V_f /%	D /mm	L /mm	V_f /%	M.P /℃	F.M								
[58]	0.5	25	0.3	0.1	15	0.3	—	PP	800	10	3.0	A	HS	√		√

表 1-1(续)

参考文献		混杂纤维参数								加热过程				混凝土种类	力学特性		
		钢纤维			复合材料纤维					M.T /℃	加热速率 /(℃/min)	保持时间 /h	冷却方法		f_c	f_{ft}	f_{sp}
		D /mm	L /mm	V_f /%	D /mm	L /mm	V_f /%	M.P /℃	F.M								
[70]		1	0.42	25	1.0	0.053	19	0.22	PP	800	2.5	1.0	A	NS	√		
		2	0.42	25	1.0	0.053	19	0.22	PP	800	2.5	1.0	A	HS	√		
		3	0.42	25	1.0	0.053	19	0.22	PP	800	2.5	1.0	A	HS	√		
[72]		0.22	13	2.0	—	18～22	0.10	165	PP	900	4.0	2.0	A	HS	√		
[103]		0.60	30	0.5	0.018	6	0.10	165	PP	600	5.0	3.0	A	HS	√	√	
[104]		0.92	60	1.0	—	54	0.25	160	PP	800	13.3	1.5	A	NS	√	√	√
[105]		0.22	13	2.0	0.048	12	0.20	—	PP	800	3.0	2.0	A	HS	√		√
[106]		0.75	30	0.76	0.032	12	0.10	—	PP	600	10.0	3.0	A	HS	√	√	√
[107]	1	0.75	35	0.25	0.031	12	0.16		PP	825	4.6～8.3	1.25	A	NS	√	√	√
		0.35	30	0.25	0.031	12	0.16	170	PP	825	4.6～8.3	1.25	A	NS	√	√	√
	2	0.75	35	0.25	0.031	12	0.27		PP	825	4.6～8.3	1.25	A	HS	√	√	√
		0.35	30	0.25	0.031	12	0.27		PP	825	4.6～8.3	1.25	A	HS	√	√	√
[108]		0.55	35	0.51	0.030	15	0.33	180	PP	900	6.0	3.0	—	HS	√	√	
[109]	1	0.38	30	0.51	0.018	6	0.11	165	PP	600	1.0	1.0	A	HS	√	√	
	2	0.38	30	0.51	0.018	6	0.22	165	PP	600	1.0	1.0	A	HS	√	√	
[110]	1	2.00	30	0.51	0.020	20	0.07	—	PP	800	10	0.67	A	HS	√	√	
	2	2.00	30	0.89	0.020	20	0.04	—	PP	800	10	0.67	A	HS	√	√	
[111]		0.3	30	0.38	0.032	12	0.16	170	PP	900	0.5	1.0	—	HS	√	√	
[112]	1	0.6	30	0.5	0.06	6	0.25	—	PP	400	10	1.0	B	HS	√	√	
	2	0.6	30	0.25	0.06	6	0.5	—	PP	400	10	1.0	B	HS	√	√	
[113]	1	0.75	60	0.26	0.03	12	0.09	—	PP	750	—	≥4	A	HS	√		√
	2	0.75	60	0.45	0.03	12	0.09	—	PP	750	—	≥4	A	HS	√		√
	3	0.75	60	0.90	0.03	12	0.09	—	PP	750	—	≥4	A	HS	√		√
[114]		0.75	50	0.64	0.015	6	0.11	—	PP	800	2.0	3.0	A	NS	√	√	√
[115]	1	0.6	30	0.5	0.06	6	0.5	—	PP	400	10.0	2.0	A	HS	√		√
	2	0.6	30	0.25	0.06	6	0.5	—	PP	400	10.0	2.0	A	HS	√		
	3	0.6	30	0.5	0.06	6	0.25	—	PP	400	10.0	2.0	A	HS	√		√
	4	0.6	30	0.25	0.06	6	0.25	—	PP	400	10.0	2.0	A	HS	√		√

表 1-1(续)

参考文献	混杂纤维参数								加热过程				混凝土种类	力学特性		
	钢纤维			复合材料纤维					M. T /℃	加热速率 /(℃/min)	保持时间 /h	冷却方法		f_c	f_{ft}	f_{sp}
	D /mm	L /mm	V_f /%	D /mm	L /mm	V_f /%	M. P /℃	F. M								
[116]	0.16	6	2.0	0.018	6	0.20	—	PP	750	1.0	2.0	A	NS		√	
[117]	1.0	50	0.65	0.01	18	0.2	165	PP	800	1.0	2.0	A	NS	√		
	0.6	35	0.65													
[80]	1.0	50	0.65	0.01	18	0.2	165	PP	800	1.0	2.0	A	NS		√	
	0.6	35	0.65													

注：D 为纤维直径，L 为纤维长度，V_f 为单一纤维体积分数，M. P 为聚丙烯纤维熔点，M. T 为目标温度，F. M 为纤维材质，PP 为聚丙烯纤维。f_c 是抗压强度，f_{ft}是弯曲强度，f_{sp}是劈裂拉伸强度。A 为自然冷却，B 为干燥空气冷却，HS 为高强度混凝土，NS 为普通强度混凝土。

(1) 单轴抗压性能

单轴压缩应力-应变关系能够反映不同测试环境下混凝土的力学行为。对于受高温影响的混杂纤维混凝土，高温导致的混凝土微观结构损伤可以通过单轴压缩应力-应变曲线反映出来。混凝土中随机分布的短纤维，特别是钢纤维，能够抑制热损伤混凝土中裂纹的扩展，从而改变单轴压缩应力与轴向应变、横向应变和体积应变之间的关系。

图 1-14 给出了热损伤混杂纤维混凝土在不同温度下的应力-应变关系。温度达到 200 ℃时，除了抗压强度有所下降外，应力-应变曲线未发生明显变化。当温度升高到 300 ℃和 400 ℃时，应力-应变曲线发生明显变化，混凝土刚度和强度降低。这种变化表明混凝土内部出现了较为明显的微观结构损伤。同时轴向应力-横向应变曲线在峰值应力之前出现了明显的非线性增长，表明混凝土内部产生较多的扩张性横向裂纹。当温度升高到 600 ℃和 800 ℃时，应力-应变曲线呈现低应力高应变的特点并且抗压强度急剧下降。这种现象主要是混凝土内部产生大量的宏观裂纹，导致纤维失去对宏观裂纹的抑制作用。

高温下混杂纤维混凝土的名义残余抗压强度如图 1-15 所示(根据表 1-1)。名义残余抗压强度是热损伤混凝土的残余抗压强度与未加热混凝土的残余抗压强度的比值。多数参考文献中的温度在 200 ℃到 900 ℃的范围内，因此本书中不考虑 900 ℃以上的温度。如表 1-1 所示，热损伤混杂纤维混凝土包括普通

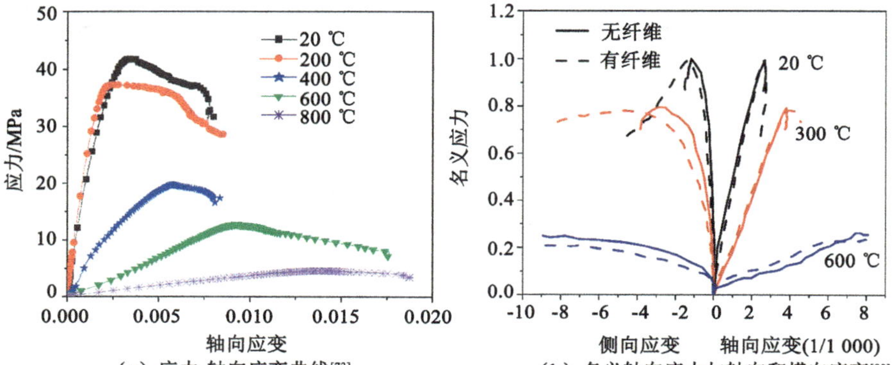

（a）应力-轴向应变曲线[73]　　（b）名义轴向应力与轴向和横向应变[80]

图 1-14　热损伤混杂纤维混凝土的单轴压缩应力-应变曲线

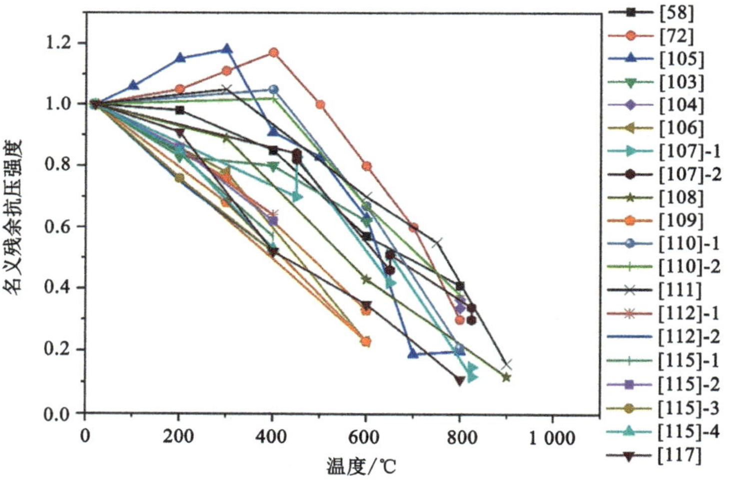

图 1-15　热损伤混杂纤维混凝土的名义残余抗压强度

强度混凝土(NS)和高强度混凝土(HS)。室温环境中混凝土的抗压强度在 40 MPa 到 130 MPa 之间。当温度超过 300 ℃时，混杂纤维混凝土名义残余抗压强度随温度升高而下降，900 ℃时单轴抗压强度下降了 90%。300 ℃以下的温度对混凝土的名义单轴抗压强度不产生明显影响。除温度之外，热损伤混凝土的单轴抗压强度还受到其他因素的影响，例如混凝土骨料和水泥种类。对不同强度的混凝土，热损伤混杂纤维混凝土的名义残余抗压强度呈现普通混凝土低于高强度混凝土的特点。高强混凝土的微观结构更加致密，对高温环境中水蒸气产生更强的抑制作用，导致高强混凝土内部产生更高的蒸汽压力。

在高温环境下，微裂纹的扩展和水化产物分解对混凝土微观结构产生明显劣化，导致混凝土刚度降低。对于包含低熔点聚丙烯纤维的混杂纤维，聚丙烯纤维的熔化和蒸发使混凝土的孔隙率增加，导致混凝土弹性模量下降。

图 1-16 显示了温度与热损伤混杂纤维混凝土名义残余弹性模量之间的关系。名义残余弹性模量是热损伤混凝土弹性模量与未受高温影响混凝土弹性模量的比值。混杂纤维混凝土的名义残余弹性模量随温度升高而降低。与名义残余单轴抗压强度相比，弹性模量随着温度升高而下降的趋势更加明显。当温度从 20 ℃升高到 300 ℃时，名义残余弹性模量下降 30%以上，而名义残余单轴抗压强度在这一温度范围内基本上不发生变化。这种差异可能与 ITZ 内微裂纹萌生和扩展有关。

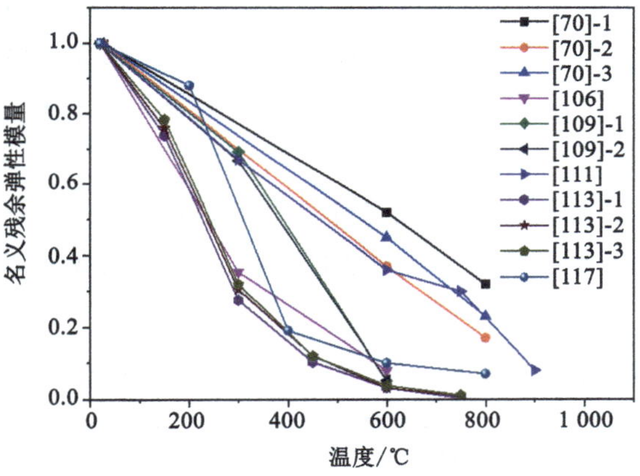

图 1-16 热损伤混杂纤维混凝土的名义残余弹性模量

值得注意的是，当温度超过 200 ℃时，即使在同一高温下，不同研究所测的混凝土名义残余弹性模量仍存在一定差异。一方面，加热过程对混凝土名义残余弹性模量有显著影响。即使混杂纤维混凝土的材料相同且抗压强度相似，其名义弹性模量也可能存在很大差异，这主要与目标温度的保持时间和加热速率等因素有关。另一方面，高温下水化产物的改变也会影响混凝土名义残余弹性模量。用硅灰和矿粉等替代部分水泥使混杂纤维混凝土的残余弹性模量降低。用偏高岭土和硅灰替代部分硅酸盐水泥，使 600 ℃和 800 ℃时的混杂纤维混凝土的名义残余弹性模量下降(图 1-16)[70]。名义残余弹性模量的改变与混杂纤维混凝土孔隙率的改变有关。一般来说，硅粉、炉渣、矿粉等粒度较小，水化产物微观结构较为致密。因此，采用这些材料替代水泥会降低混凝土孔隙率，导致在相同温度下混凝土内蒸汽压更高。而钢纤维的体积分数对混杂纤维混凝土名义残余弹性模量几乎不产生影响。

(2) 弯曲强度

混凝土的弯曲力学性能取决于内部微观和宏观裂纹的发生、扩展和融合过程。纤维的添加能够有效提升混凝土的弯曲力学性能。特别是具有高拉伸强度的钢纤维对混凝土弯曲拉伸载荷下裂纹的扩展产生明显的抑制作用。钩端钢纤维比直钢纤维在抑制张拉裂纹扩展方面具有明显优势，能够实现混凝土弯曲拉伸强度的明显提升。拉伸强度相对较低的聚丙烯纤维对混凝土弯曲拉伸强度不产生明显的增强效果。在弯曲拉伸载荷作用下，聚丙烯纤维容易与水泥砂浆基体脱黏或者发生自身断裂，从而在裂纹扩展初始阶段即失去了对裂纹扩展的抑制作用。在高温下，钢纤维混凝土与素混凝土和聚丙烯纤维混凝土相比表现出更好的弯曲拉伸性能[118-119]。钢纤维具有良好的热稳定性，因此钢纤维在高温下仍能桥接裂纹，延缓裂纹扩展。当温度高于 200 ℃时，聚丙烯纤维熔化并蒸发，为混凝土内部水蒸发创造额外的通道，降低了混凝土内部高压蒸汽压力。因此，利用钢纤维和聚丙烯纤维的协同效应可以减少蒸汽压力对混凝土造成的损害。

图 1-17 显示了热损伤混杂纤维混凝土弯曲性能曲线[80,106]。在室温下，混

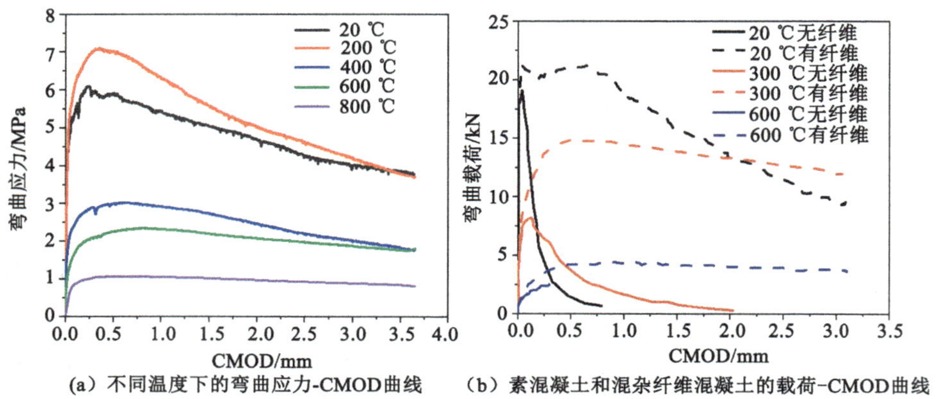

(a) 不同温度下的弯曲应力-CMOD曲线　　(b) 素混凝土和混杂纤维混凝土的载荷-CMOD曲线

图 1-17　热损伤混杂纤维混凝土的弯曲性能

杂纤维混凝土弯曲应力-CMOD(切口张开位移)曲线呈现出线性增加,在峰值载荷附近出现短暂的非线性增长。在 200 ℃ 高温下,混杂纤维混凝土的峰值载荷略有增加,这与混凝土内部未水化的水泥颗粒在高温下发生水化有关。当温度达到 300 ℃和 400 ℃时,峰值载荷之前,载荷随着 CMOD 增加呈现明显的非线性增长。峰后阶段,随着 CMOD 的增大,弯曲载荷急剧下降。600 ℃和 800 ℃时,混杂纤维混凝土的弯曲拉伸性能产生严重劣化。在该温度范围,混凝土水化产物大量分解,钢纤维与水泥砂浆基质的黏结强度降低。在弯曲载荷作用下,钢纤维被拉出,失去对裂纹的抑制作用,导致热损伤混凝土中裂纹迅速扩展,最终发生整体失效。

图 1-18 显示了混杂纤维混凝土的名义残余弯曲强度。名义残余弯曲强度是高温下混杂纤维混凝土残余弯曲强度与室温下残余弯曲强度的比值。混杂纤维混凝土名义残余弯曲强度随着温度的升高而降低。一般情况下,当温度从 20 ℃升高到 200～300 ℃时,混凝土名义残余弯曲强度缓慢下降。当温度超过 300 ℃时,混杂纤维混凝土的名义残余弯曲强度随着温度升高快速降低,在 800 ℃时降低至 0.2 左右。当温度升高到 200 ℃和 450 ℃时,部分研究[103,107]中出现名义残余弯曲强度略有增加的现象。这可能与混凝土中未水化的水泥颗粒发生水化有关。

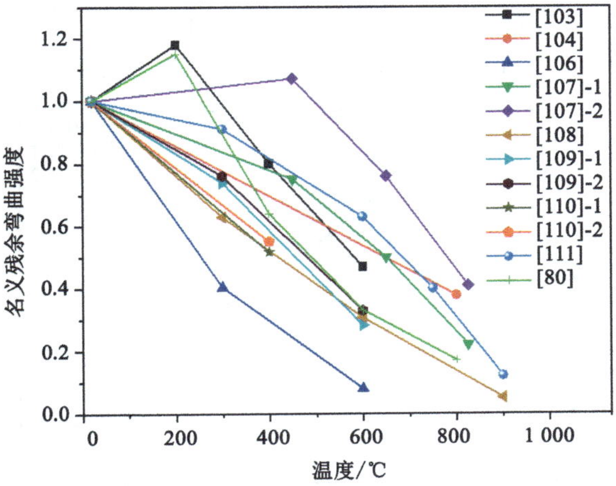

图 1-18　热损伤混杂纤维混凝土的名义残余弯曲强度

混杂纤维的添加量和组成比例对高温下混杂纤维混凝土的名义残余弯曲

强度产生一定影响。当聚丙烯纤维的体积分数从0.11%增加到0.22%时，在温度范围为20 ℃到600 ℃的条件下，混杂纤维混凝土的名义残余弯曲强度小幅增长。混凝土的强度对高温下混杂纤维混凝土的残余弯曲强度有着重要的影响。混杂纤维普通强度混凝土的名义残余弯曲强度低于混杂纤维高强度混凝土。这与普通强度混凝土和高强度混凝土之间未水化水泥颗粒的孔隙率和高温下水化差异有关。

（3）断裂韧性

断裂韧性是评价水泥基材料吸收外部输入能量能力的重要参数。本章仅分析混杂纤维混凝土弯曲断裂韧性。水泥基材料的断裂韧性通常定义为载荷-挠度曲线下的面积[120-121]。钢纤维的添加对混凝土断裂韧性产生积极影响，但聚丙烯纤维对混凝土断裂韧性不产生显著影响[122-123]。在高温下，钢纤维由于热稳定性高，对热损伤混凝土裂纹扩展仍然能够发挥抑制作用，从而提高热损伤混凝土残余断裂韧性。对于聚丙烯纤维增强混凝土，聚丙烯纤维在高温下熔化并蒸发，失去对裂纹扩展的抑制作用，因此对热损伤混凝土的断裂韧性不产生明显影响。

图1-19显示了热损伤混杂纤维混凝土的名义残余断裂韧性。名义残余断裂韧性是热损伤混杂纤维混凝土断裂韧性与未损伤混凝土断裂韧性的比值。一般情况下，混杂纤维混凝土名义残余断裂韧性随着温度的升高而降低。当高温达到600 ℃和800 ℃时，名义残余断裂韧性下降至0.3和0.2。混凝土的抗

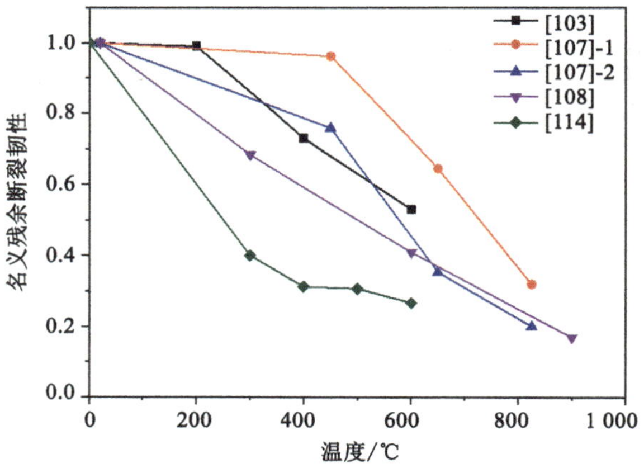

图1-19　温度对混杂纤维混凝土名义残余断裂韧性的影响

压强度对热损伤混杂纤维混凝土的名义残余断裂韧性有显著影响。高温环境下，普通强度混杂纤维混凝土比高强度混杂纤维混凝土有更高的名义残余断裂韧性[107]。这种差异性与普通混凝土和高强度混凝土孔隙率差异有关。高强度混凝土一般含有硅灰或矿渣，它们降低了水泥基体的孔隙率，导致高温环境下混凝土内部产生较高的蒸汽压力。

1.3.4 热损伤混凝土自修复机理

对于混杂纤维混凝土，其高温环境下力学性能劣化与其物理和化学变化有关[125]。化学变化主要是混凝土水化产物和骨料的化学分解。混凝土水化产物热分解后产生与未水化水泥相似的化学成分，这些化学成分在火灾后能与环境中的水和二氧化碳等反应，重新生成水化产物，填充高温引起的热损伤裂纹，从而实现对混凝土热损伤的部分修复（图 1-7）。

（1）热损伤混凝土自修复方法

热损伤混杂纤维混凝土的自我修复与高温下混凝土分解产物的化学成分有关。高温下混凝土水化产物热分解是一个脱水化学分解过程。因此，混凝土中热分解产物再水化过程是一个吸水再水化过程，其再水化程度与所能获得的水分含量有关。热损伤混凝土再水化自我修复可以通过三种方式实现。第一种为浸水再养护自修复[81,124]。该种方法是将冷却后的热损伤混凝土浸入水中一段时间，从而实现混凝土热分解产物与水发生充分的再水化反应。第二种水-空气再水化自修复[125]。该种方法是通过将冷却的热损伤混凝土放入水中数天，然后将混凝土从水中取出在室温环境中养护一段时间。该种方法通过浸水为热损伤混凝土再水化提供充足的水分，之后与空气中的二氧化碳反应，从而实现热损伤混凝土的自修复。第三种方法是空气再水化自修复[95,126]。该种方法是将热损伤混凝土在自然环境中养护一段时间，热损伤混凝土通过吸收空气中的水分和二氧化碳实现再水化自修复。再水化自修复方法中水分的充足程度对热损伤混凝土再水化过程有着重要影响（图 1-20）[95]。

（2）热损伤混凝土再水化机理

上述分析表明高温环境下混凝土中的水泥砂浆基体分解产生 CaO、C_nS 和其他成分，如图 1-21 所示。在火灾后再养护阶段，混凝土中的热分解成分与环境中的水和二氧化碳反应，重新生成水化产物，对混凝土中部分热损伤裂缝进

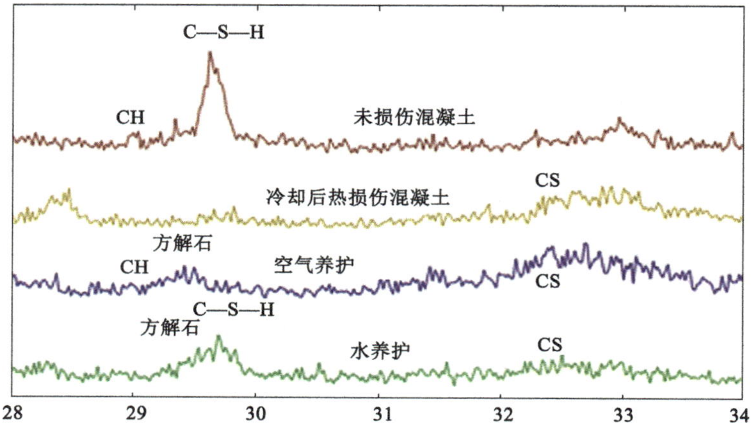

图 1-20　采用不同再养护方法的热损伤混凝土 X 射线衍射(XRD)分析

行填充，实现对热损伤混凝土的部分修复。CaO 与水和二氧化碳反应，重新生成 $Ca(OH)_2$ 和 $CaCO_3$。C_nS，如 C_2S、C_3S，与水反应，在热损伤混凝土基体中形成 C—S—H。再水化产物对热损伤混凝土中的裂缝进行部分填充，从而提升热损伤混凝土的微观结构完整性和整体强度，实现热损伤混凝土力学特性的提升。但再养护阶段产生的部分水化产物对热损伤混凝土力学性能恢复也可能产生负面作用。例如，再水化过程中，CaO 与水反应生成 $Ca(OH)_2$，$Ca(OH)_2$ 的体积大于 CaO 的体积，导致热损伤混凝土中的裂缝进一步扩展。

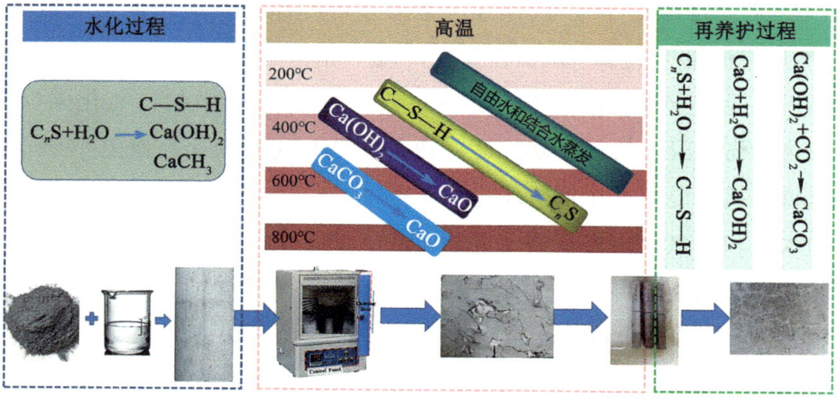

图 1-21　混凝土在水化过程、高温和浸水再养护后的化学变化

采取合适的再水化自修复方法能够有效提升热损伤混凝土的力学性能。但与未损伤混凝土相比，再水化自修复只能对部分热损伤进行修复。这主要与再水化过程和再水化产物有关。首先，再水化产物只能对一些热损伤裂隙进行部分填充。特别是对于一些宏观裂隙，再水化产物只能充填较小的一部分裂纹，无法实现对宏观裂隙的整体性填充(图 1-7 和图 1-22)[127]。对于 ITZ 中的裂缝，再水化反应只能从水泥砂浆基体一侧开始，因此水化产物只能对水泥砂浆基体测的裂缝进行部分填充，无法对骨料一侧的裂缝进行填充。同时，再水化反应是在水泥砂浆基质中进行，无法对骨料中的热损伤裂缝进行修复。从微观结构上看，再水化反应生成的水化产物微观结构不如原始水化产物微观结构致密(图 1-23)[127]。水化产物微观结构差异主要与水化反应速率有关[128]。热分解产物的水化速率比原始水泥颗粒快[129]。原始水泥颗粒的整个水化反应一般持续两个月或者更长时间，而热分解产物的再水化反应一般在两到三周内完成。

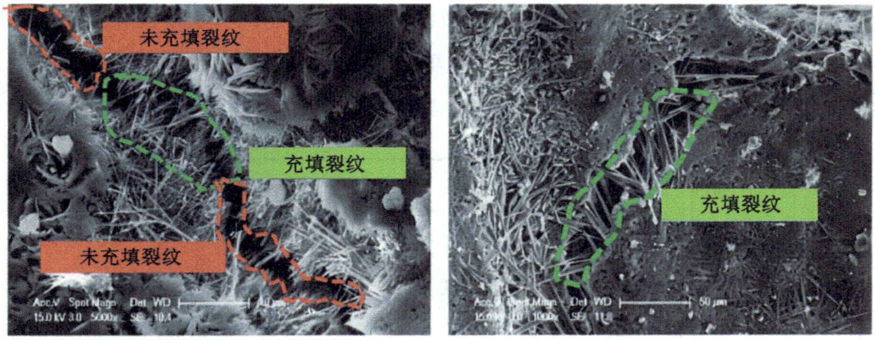

图 1-22　浸水再养护后热损伤混凝土 SEM 扫描图像

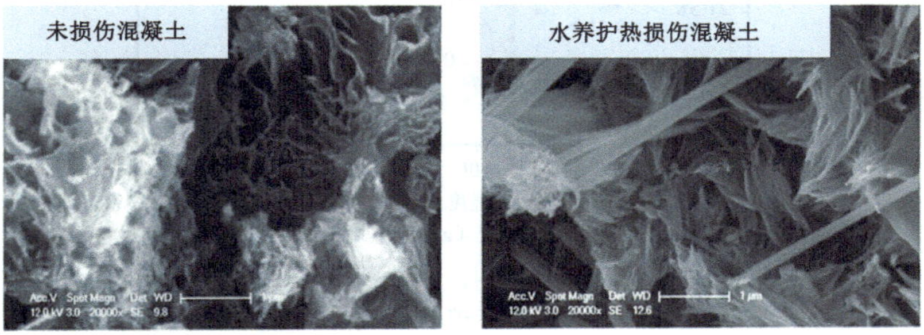

图 1-23　加热前(左)和浸水再养护后(右)混凝土微观结构

(3) 热损伤混凝土浸水再养护自修复效果

目前,关于浸水自修复对热损伤混杂纤维混凝土力学性能的影响的研究相对较少。已有研究表明浸水自修复对热损伤混杂纤维混凝土力学性能恢复产生积极作用,而空气再水化自修复方法对热损伤混杂纤维混凝土力学性能恢复作用较小。混杂纤维混凝土经受 1 000 ℃高温后,单轴抗压强度和弹性模量下降至未加热前的 57%和 24%。经历 28 d 浸水再养护后,热损伤混凝土的单轴抗压强度和弹性模量恢复至未损伤混凝土的 66%和 44%。但热损伤混杂纤维混凝土经过空气养护后力学性能下降,单轴抗压强度和弹性模量分别下降至未损伤混凝土的 44%和 14%[130]。

文献[95]对比了空气养护法和浸水养护法对混杂纤维混凝土热损伤的修复效果。空气法养护三个月对热损伤混凝土的单轴抗压强度、抗拉强度和弹性模量没有明显影响。但浸水养护后热损伤混凝土名义单轴抗压强度从 0.57 提高到 0.82,名义弹性模量从 0.23 提高到 0.60。浸水养护对热损伤混杂纤维混凝土能够产生明显的修复效果,使其单轴压缩载荷下的初始应力、临界应力、单轴抗压强度和断裂韧性得到部分恢复(图 1-24)[117]。

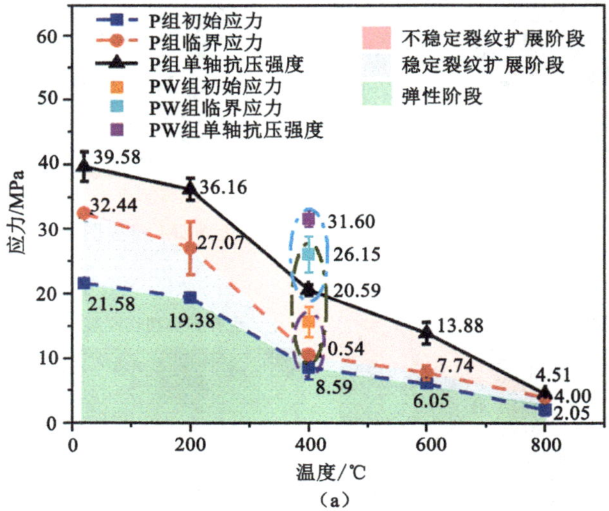

图 1-24　热损伤和浸水再养护混杂纤维混凝土的起始应力、临界应力以及单轴抗压强度

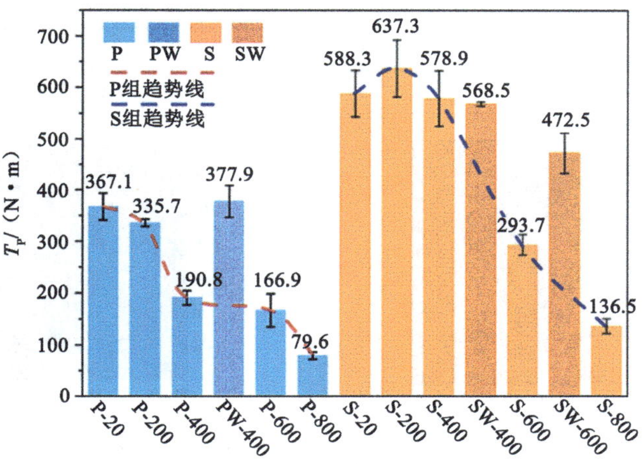

（b）

图 1-24　（续）

浸水养护对混杂纤维混凝土热损伤的修复效果取决于再水化产物的微观结构。再水化过程中热分解产物的水化程度越高，热损伤混凝土中裂隙和孔隙就有可能被微观结构致密的再水化产物充填，从而提升热损伤混凝土微观结构强度[131]。试验结果表明，热损伤混杂纤维混凝土经过三个月的浸水养护后，混凝土的超波波速和渗透率均有明显的恢复。

浸水养护不仅能够使热损伤混杂纤维混凝土的力学性能部分恢复，而且能够改变其损伤断裂过程和形式（表 1-2）。

表 1-2　混杂纤维混凝土高温和浸水再养护后的断裂形貌

加热前	加热后	
20 ℃	400 ℃	600 ℃
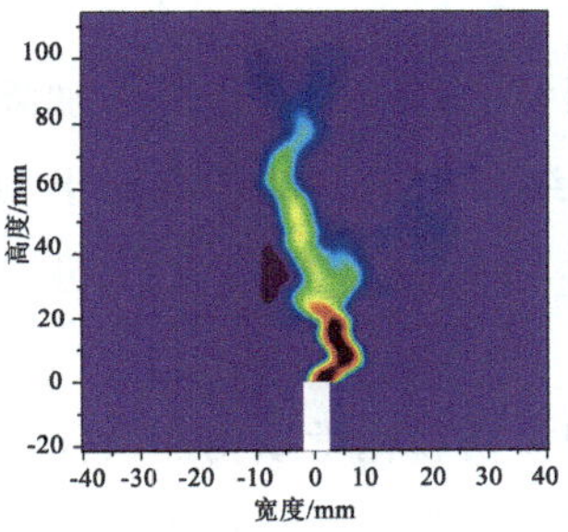	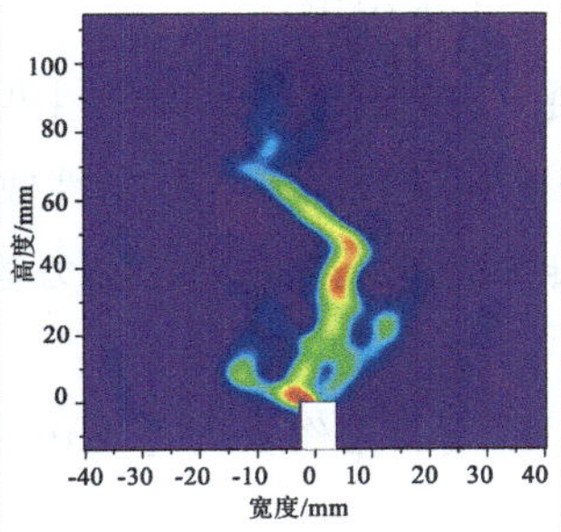	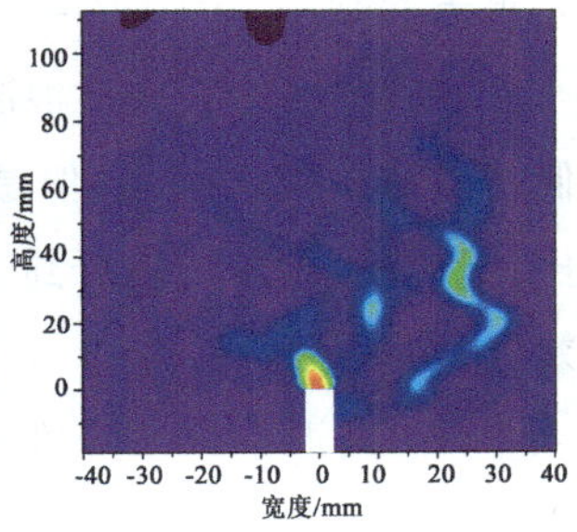

表 1-2(续)

浸水养护后	
400 ℃	600 ℃
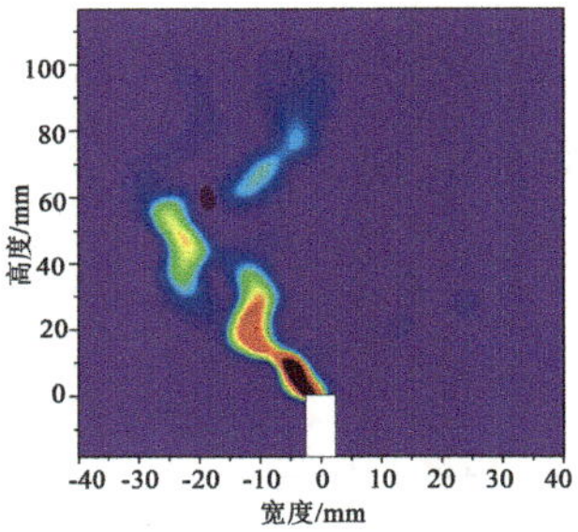	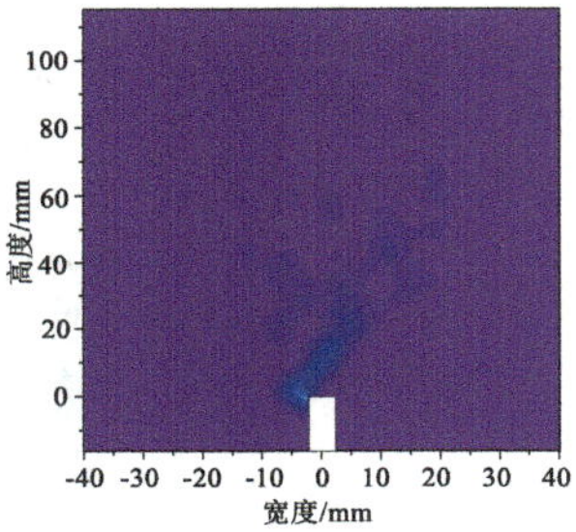

经过浸水再水化养护后，热损伤混杂纤维混凝土弯曲断裂过程中产生分支裂纹的数量减少，降低了热损伤混凝土断裂主裂纹数量。经过浸水养护后热损伤混杂纤维混凝土的断裂路径与未损伤混杂纤维混凝土的断裂路径相似。再水化过程中，水化产物，例如 C—S—H，能够使微裂隙闭合，缩小宏观裂纹宽度，增强纤维与水泥砂浆基体的黏结强度，从而更有效地抑制钢纤维对裂纹的扩展。

1.4 小　　结

本章总结分析了素混凝土存在的微观缺陷、纤维对混凝土物理力学行为的影响、高温和浸水再养护对混杂纤维混凝土性能的影响。本章的结论如下：

(1) 素混凝土存在着塑性收缩变形大、抗拉/剪强度低、断裂韧性和耐久性差等天然缺陷，影响混凝土的工程应用。

(2) 纤维的添加对混凝土的物理力学性能产生明显的影响。纤维的添加降低了混凝土的和易性，但是能够降低混凝土的塑性收缩。与单一纤维混凝土相比，优化设计的混杂纤维混凝土能够在混凝土力学性能提升方面发挥协同效应。

(3) 高温下混杂纤维混凝土的损伤劣化是其物理损伤和化学损伤的共同作用的结果。物理损伤主要是蒸汽压力、热应力、非均匀性热膨胀引起的。化学性损伤是水化产物的分解、钢纤维氧化等造成的。温度变化对混杂纤维混凝土的物理和化学损伤产生显著影响。热损伤混杂纤维混凝土的力学性能受加热方式、加热过程、测试状态等因素的影响。这些因素的变化导致热损伤混杂纤维混凝土力学特性的差异。预应力试验方法的残余抗压强度高于无应力试验方法。较高的加热速率导致混杂纤维混凝土产生更严重的损伤劣化。

(4) 混杂纤维混凝土的热损伤随着温度的升高而增大。名义残余单轴抗压强度在温度低于 200 ℃时保持不变,而在温度超过 200 ℃时急剧降低。名义残余弯曲强度、弹性模量和断裂韧性随着温度的升高降低。300 ℃以上的高温导致混杂纤维混凝土的力学强度急剧劣化。水是影响热损伤混杂纤维混凝土再养护恢复效果的关键因素。浸水养护对热损伤混杂纤维混凝土力学性能的恢复效果优于空气养护法。

基于目前热损伤混杂纤维混凝土性能的研究现状,建议从以下几个方面进行深入的研究:

(1) 混杂纤维混凝土的工程应用缺乏相关的规范和标准指导,混杂纤维混凝土的优化设计需要更加深入的研究。

(2) 进一步研究应力测试方法下混杂纤维混凝土的热损伤特性。

(3) 需要对热损伤混杂纤维混凝土的浸水养护的再水化过程进行进一步分析。现有研究表明火灾后浸水再水化对混杂纤维混凝土力学性能恢复效果较好。但浸水养护引起的钢纤维腐蚀和热损伤混杂纤维的耐久性变化尚未得到充分研究。需要详细深入研究浸水再水化对钢纤维和钢筋腐蚀的影响,以评估热损伤钢纤维混凝土的长期力学性能。

(4) 全尺寸混杂纤维混凝土结构在高温下的性能需要更加深入的研究,重点关注全尺寸混杂钢筋混凝土梁柱在高温下承载能力的劣化趋势。

第2章 混杂纤维混凝土配比优化设计

混凝土断裂是一个从微观裂纹的产生到宏观裂纹扩展的多尺度损伤破裂过程[11,132]。在混凝土中添加短纤维能够对混凝土中的多尺度裂纹扩展过程进行有效抑制，提升混凝土的承载能力。直径小且长径比大的微型钢纤维对混凝土微裂纹的扩展和融合能够产生有效抑制作用。但微型钢纤维对宏观裂纹的扩展影响很小。随着宏观裂纹的扩展，微型钢纤维与水泥砂浆基体脱黏被拉出，失去对裂纹的抑制作用。直径和长度相对较大的粗纤维与混凝土基体之间的黏结强度相对较高，可以桥接宏观裂纹，抑制宏观裂纹的扩展。单一纤维只能对宏观裂纹或微细观裂纹产生明显的抑制作用，难以对混凝土中多尺度裂纹的扩展形成有效抑制。将微型纤维和粗纤维进行优化组合能够发挥两者在抑制多尺度裂纹扩展方面的优势，从而产生协同抑制作用[133,134]。混杂纤维是否能对混凝土多尺度裂纹扩展产生协同抑制作用取决于纤维的种类、组合形式、含量等。因此在混杂纤维混凝土进行工程应用之前需要对混杂纤维配比进行优化设计。混杂纤维混凝土优化设计主要是根据素混凝土强度、骨料和混杂纤维的种类对混杂纤维的含量和混合类型进行优化设计，从而实现混凝土力学性能和经济效益的最大化。现阶段混杂纤维混凝土配合设计缺少相应的规范和标准作为指导，导致其工程应用中因理论指导不足，力学性能与设计值相差较大。本章以由两种不同长度的钩端钢纤维和短波浪形钢纤维组成的混杂钢纤维为例，通过力学特性和协同效应分析探究了混杂纤维混凝土的优化设计方法，最终确定了最优的混杂纤维混凝土配比。

2.1　混杂纤维对混凝土和易性的影响规律

2.1.1　不同配合比混杂纤维混凝土设计

(1) 混杂纤维混凝土材料

采用硅酸盐水泥 CEM Ⅱ/A-LL42.5R、最大公称尺寸 16 mm 的河卵石、最大公称尺寸 22 mm 的破碎石灰石、细骨料为最大尺寸为 4 mm 的河砂。骨料的物理性能和级配曲线如表 2-1 和图 2-1 所示。根据 EN 206:2013+A1:2016[135]，在混凝土中添加高效减水剂 Aeternum Proof 用于保持其和易性高于 S3。

表 2-1　骨料的物理性能

	粗骨料		细骨料
	河卵石	破碎石灰岩	河沙
密度/(kg/m^3)	2 630	2 737	2 640
含水率	1.16%	1.05%	1.83%

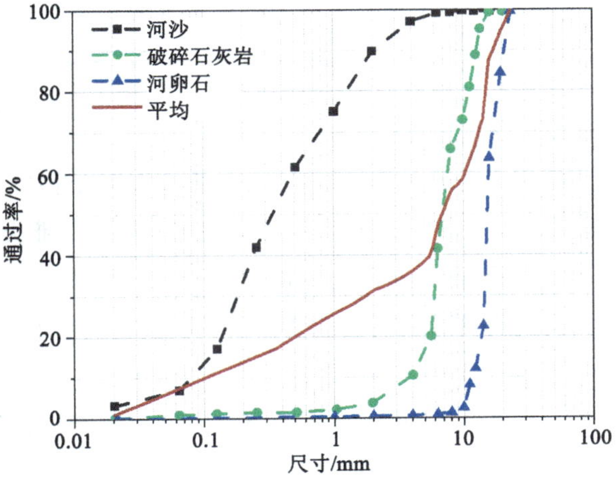

图 2-1　骨料级配曲线

本章中的钢纤维为三种不同几何形状的商用钢纤维(见图 2-2)。短钢纤维呈波浪形，其他两种为长度不同的钩端钢纤维，三种纤维的物理力学性能如表2-2所示。

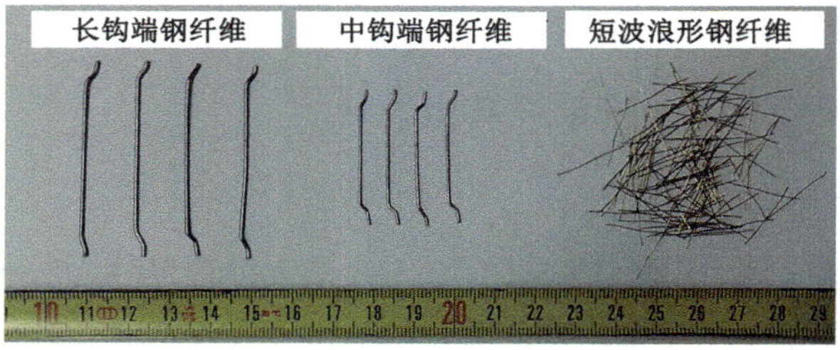

图 2-2　钢纤维

表 2-2　钢纤维特性

	长(L)钩端钢纤维	中(M)钩端钢纤维	短(S)波浪形钢纤维
长度/mm	50	35	18
直径/mm	1.05	0.75	0.2
长径比/(L/D)	48	47	90
密度/(kg/m³)	7 800	7 800	7 800
抗拉强度/(N/mm²)	1 440	1 250	2 600
弹性模量/GPa	200	200	200

(2) 配合比设计和试件浇筑

为了分析不同纤维组合形式和含量对混杂纤维混凝土性能的影响，本章设计了十组混凝土混合物，如表2-3所示。混合物ID包括纤维类型(S、M、L)及其体积分数以表示每种混凝土混合物中的纤维含量。例如，混合物L1.3S0.2表示该混凝土中长钩端钢纤维的体积分数为1.3%，短波浪形钢纤维的体积分数为0.2%。PC是素混凝土(作为对比分析参考)。S0.43、M1.5、L1.5是含有单一类型的钢纤维。在M0.87S0.13、M1.3S0.2和M1.73S0.27中，M和S的体积比相同，但总体积分数分别为1.0%、1.5%和2.0%。L0.65M0.65S0.2、L1.3S0.2和L0.75M0.75包含具有相同总体积分数但不同纤维组合形式的混杂纤维。

表 2-3 混凝土混合物配比

混合物 ID	W/C	水泥/(kg/m³)	骨料/(kg/m³)			纤维体积分数/%			添加剂/(kg/m³)
			河卵石	破碎石灰岩	河沙	长	中	短	
PC	0.45	450	735	562	361	—	—	—	13.5
S0.43*			730	550	345	—	—	0.43	
M1.5			705	530	320	—	1.5	—	
L1.5			705	530	320	1.5	—	—	
M0.87S0.13			725	550	320	—	0.87	0.13	
M1.3S0.2			705	530	320	—	1.3	0.2	
M1.73S0.27			705	530	320	—	1.73	0.27	
L0.65M0.65S0.2			705	530	320	0.65	0.65	0.2	
L1.3S0.2			705	530	320	1.3	—	0.2	
L0.75M0.75			705	530	320	0.75	0.75	—	

* 0.43%为短纤维最大体积分数，超过该体积分数，混凝土中会出现短纤维团聚现象，W/C 为水灰比。

混杂纤维混凝土按照以下步骤进行混合。首先，将骨料与 1/3 水混合搅拌 2 min。然后加入水泥、减水剂和 2/3 水并混合搅拌 3 min。其次，人工手动缓慢添加纤维，同时搅拌混凝土使得纤维在混凝土均匀分布。然后根据标准《Testing hardened concrete-Part 2：Making and curing specimens for strength tests》(EN 12390-2：2019)[136]浇筑试样。将试样在模具中养护 24 h。随后，将试样脱模并在温度为 20±2 ℃、相对湿度为 90%±3%的养护室内进行养护直至测试。

(3) 测试方法

根据标准《Testing hardened concrete-Part 3：Compressive strength of test specimens》(EN 12390-3：2019)[137]，对尺寸为 100 mm 的立方体试样龄期为 1、7、28 和 56 d 的抗压强度进行测试。在每个测试龄期对每种混凝土的三个试样进行测试。根据《Testing hardened concrete-Tensile splitting strenght of test specimens》(EN 12390-6：2009)[138]标准，对试样尺寸为直径×高度=150 mm×300 mm 的圆柱形试件进行 28 d 龄期的劈裂试验。根据《Test method for metallic fibre concrete-Measuring the flexural tensile strenght (limit of proportionality(LOP),residual)》(EN 14651:2005＋A1:2007)[139]标准，对长×宽×高＝600 mm×150 mm×150 mm 的含切口的长方体试件进行三点弯曲试验，研究不同混凝土弯曲性能。在长方体试样中部切尺寸为深度×宽度＝25 mm ×5 mm 的缺口。弯曲试验采用切口张开位移(CMOD)控制方式。CMOD 达到 0.1 mm 之前设置为 0.05 mm/min，然后增加到 0.2 mm/min，测试设置如图 2-3 所示。

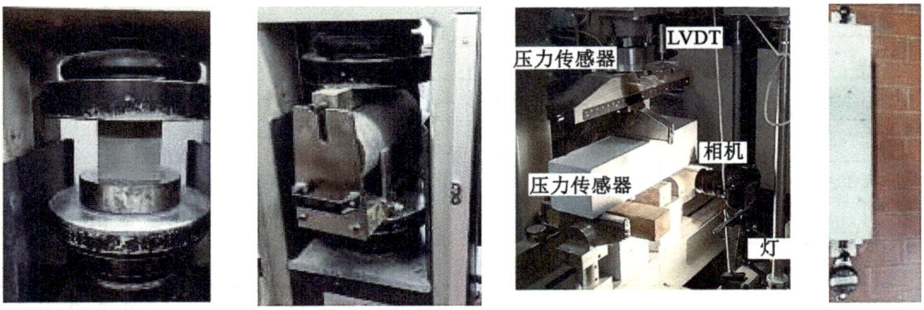

(a) 单轴压缩　(b) 劈裂　(c) 三点弯曲　(d) 自收缩

图 2-3　试验装置

根据标准《Testing hardened concrete-Part 16:Determination of the shrinkage of concrete》(EN 12390-16:2019)浇筑长×宽×高＝500 mm×100 mm×100 mm 的长方体试样，对脱模后试样前 56 d(1 d、3 d、7 d、14 d、28 d、56 d)混凝土的自收缩应变进行监测，测试每种混凝土不同龄期收缩率。测试期间混凝土养护室的相对湿度为(90%±3%)，因此，本章中测得的收缩主要与自收缩有关。此外，混凝土的和易性是根据标准《Testing fresh concrete-Part 2:Slump test》(EN 12350-2:2019)进行坍落度测试确定。

2.1.2　不同混杂纤维混凝土和易性

坍落度测试可以确定新拌混凝土的稠度或和易性。不同混凝土拌合物的坍落度测试结果如图 2-4 所示。根据标准《Concrete-specification, performance, production and conformity》(EN 206:2013＋A2:2021)，混凝土坍落度结果可分为 S1 至 S5 五个等级。在实际工程应用中，泵送混凝土应具有 S4 或 S5 级别的坍落度。从图 2-4 可以看出，添加钢纤维降低了新拌混凝土的和易性。

短波浪形钢纤维比钩端钢纤维对混凝土和易性产生更显著的负面效果。例如，S0.43 中仅含有 0.43%的短波浪形钢纤维，但坍落度降低至 150 mm，属于 S3 级，但含有 1.5%的长(L1.5)和中(M1.5)钩端钢纤维与素混凝土 PC 相比，其和易性降低较小。这主要是因为短波浪形钢纤维的长径比大，在混凝土中易发生团聚，造成混凝土均匀性变差[3]。混杂纤维体积分数的增加对新拌混凝土的和易性产生负面影响。当体积分数从 1.0%(M0.87S0.13)增加到 2.0%(M1.73S0.27)时，坍落度从 180 mm 减小到 115 mm。较高混杂纤维添加量增加了钢纤维之间的相互作用，降低了新拌混凝土的流动性[3,57]。对于包含相同体积分数但不同组合的混杂纤维的混凝土，坍落度随混杂类型的不同而变化。含有短波浪形钢纤维的混杂纤维对新拌混凝土的和易性有明显的降低作用。但除 S0.43 和 M1.73S0.27 外，混凝土混合物的和易性均属于 S4 级。

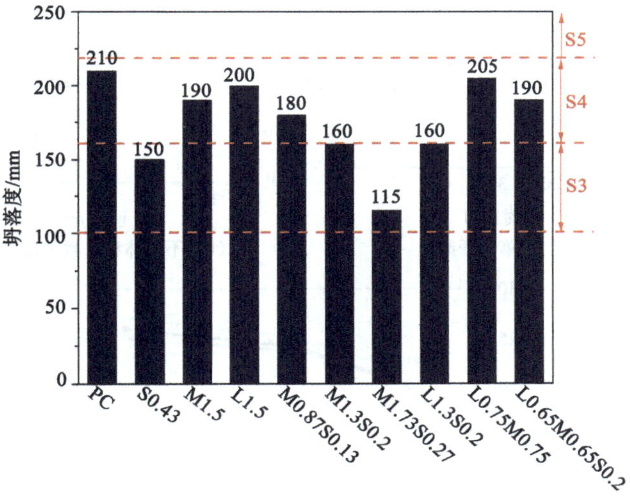

图 2-4　不同混凝土坍落度

2.2　混杂纤维对混凝土自收缩的影响规律

混凝土的收缩应变主要与自收缩和干燥收缩有关。在本章中，整个测试期间养护室的湿度为(90%±3%)，因此，干燥收缩可以忽略不计，本章中的收缩是自收缩。自收缩主要是由水化反应引起的。本章系统地研究了不同时期的自收缩变化规律。

图 2-5 显示了 56 d 内的不同龄期混凝土的收缩应变结果。图 2-5(a)显示了混杂纤维混凝土(包括单一纤维)的收缩应变。与素混凝土相比,单一钢纤维混凝土收缩应变明显降低。短波浪形钢纤维比钩端钢纤维产生更加明显的收缩应变抑制效果。单一纤维混凝土收缩率顺序为 PC＞L1.5＞M1.5＞S0.43。这主要是由于短波浪形钢纤维的长径比较大,对收缩拉应力引起的微裂纹有较好的抑制效果。此外,中钩端钢纤维比长钩端钢纤维对抑制混凝土收缩变形更有效。

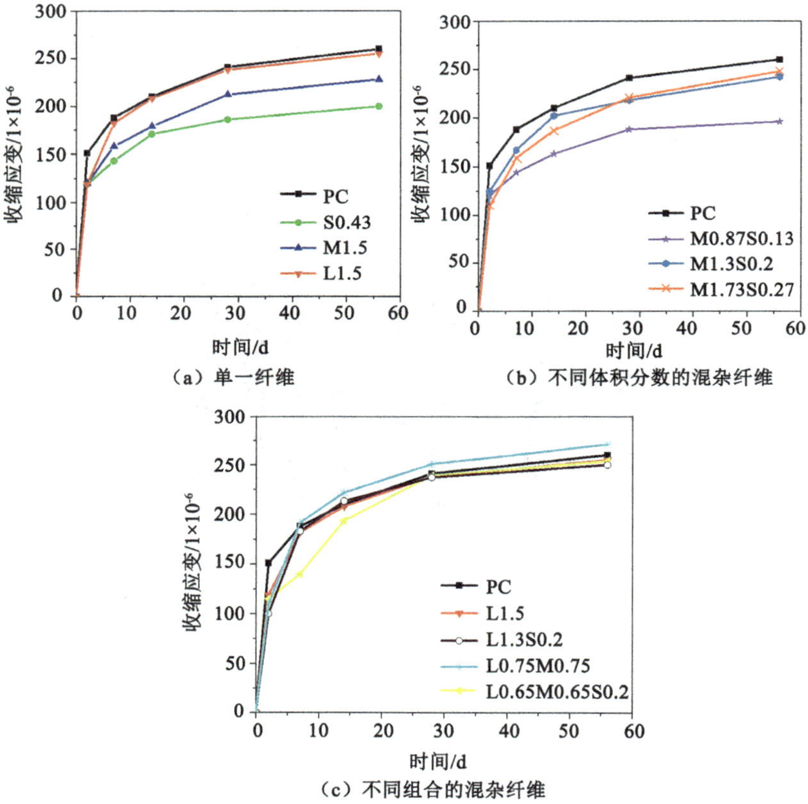

(a) 单一纤维

(b) 不同体积分数的混杂纤维

(c) 不同组合的混杂纤维

图 2-5 混凝土混合物的自收缩应变

混杂纤维体积分数对混凝土收缩率的影响如图 2-5(b)所示。当体积分数超过 1.0%时,混杂纤维混凝土的塑性收缩明显增大。当体积分数从 1.0%增加到 2.0%时，56 d 龄期时混凝土的收缩应变从 197×10^{-6}(M0.87S0.13)增长到 246×10^{-6}(M1.73S0.27)，但收缩应变仍低于 PC。混杂纤维通过在硬化过程中限制微裂纹的扩展，从而达到减少收缩的效果。然而，混杂纤维体积分数的增加会在混凝土中产生额外的微裂纹和孔隙[38]，对降低混凝土收缩应变产生不利影响。

图 2-5(c)显示了不同混杂纤维组合的混凝土的收缩应变。从结果上看，试验中所考虑的纤维混杂组合对混凝土收缩应变的影响可以忽略不计。L1.3S0.2 和 L0.65M0.65S0.2 在 56 d 龄期时的收缩应变与 L1.5 相似。但含有短波浪形钢纤维的 L1.3S0.2 和 L0.65M0.65S0.2 的收缩应变低于 L0.75M0.75。这主要是由于短波浪形钢纤维在抑制混凝土塑性收缩方面比钩端钢纤维具有优势。

2.3　混杂纤维对混凝土力学强度的影响规律

2.3.1　单轴抗压强度

纤维混凝土混合物在 56 d 龄期内的单轴抗压强度如图 2-6 所示。不同形状的单一纤维对混凝土单轴抗压强度产生相似的影响，如图 2-6(a)所示。抗压强度随着硬化时间的增加产生小幅波动，但总体上与素混凝土 PC 接近。这可能与钢纤维添加增加混凝土中的孔隙和微裂纹有关。混凝土中存在的钢纤维一方面能够桥接宏细观裂纹，延缓宏细观裂纹的扩展，从而限制宏细观裂纹的横向扩展[140]。另一方面，钢纤维的存在增加了混凝土中的结构弱面和微孔隙，增加了混凝土中应力集中发生的范围[141]。

图 2-6(b)描述了混杂钢纤维体积分数对混凝土单轴抗压强度的影响。相同养护时间条件下，当体积分数从 0%增加到 1.0%或 1.5%时，混凝土单轴抗压强度下降。体积分数为 2%时，抗压强度与素混凝土 PC 接近。混杂纤维混凝土单轴抗压强度随混杂纤维体积分数增加波动主要是由于混杂纤维对裂纹抑制作用和纤维引入的微孔隙相互作用。

混杂钢纤维组合形式对混凝土单轴抗压强度的影响如图 2-6(c)所示。与单一钢纤维相比，不同组合形式的混杂钢纤维产生了协同效应。L0.65M0.65S0.2、L0.75M0.75 和 L1.3S0.2 在 56 d 龄期时的单轴抗压强度比 L1.5 高 16.8%、

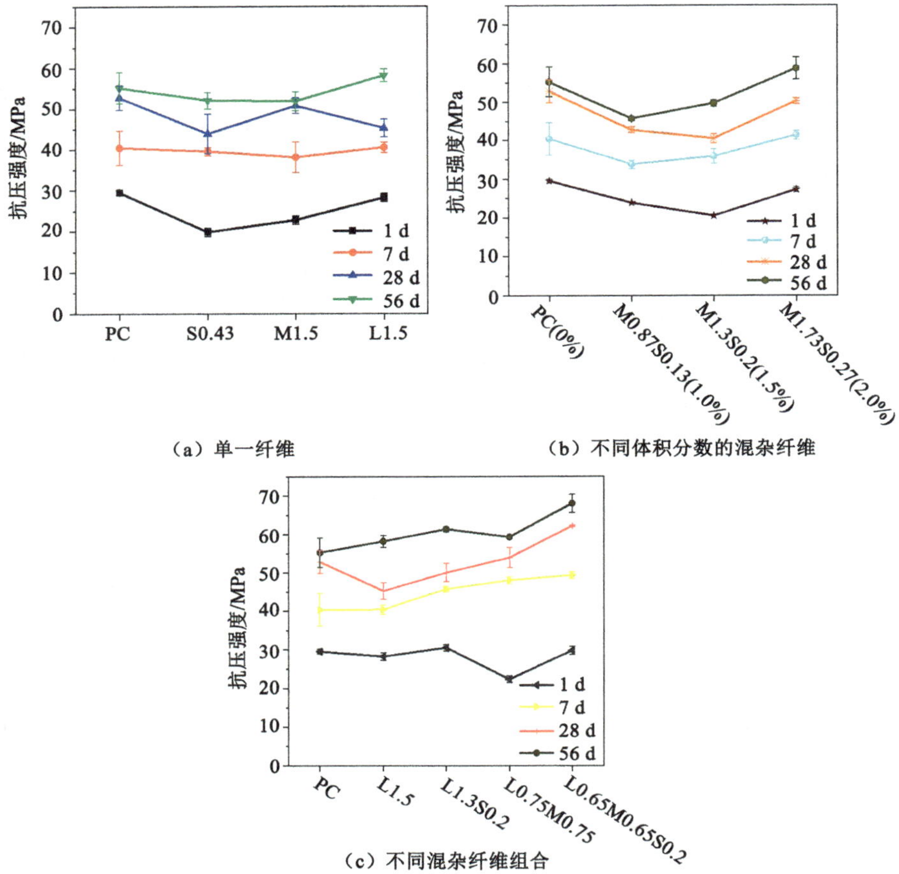

（a）单一纤维

（b）不同体积分数的混杂纤维

（c）不同混杂纤维组合

图 2-6　混凝土单轴抗压强度

（误差线显示 3 个试样的标准差）

1.9%和 5.5%。一种可能原因是混杂纤维在不同的裂纹尺度上产生了更有效的桥接抑制效果。值得注意的是，L0.65M0.65S0.2 比 L0.75M0.75 和 L1.3S0.2具有更明显的协同增强效应。含有三种钢纤维的混杂纤维混凝土 L0.65M0.65S0.2 可以更有效地抑制微观和宏观裂纹的扩展，从而获得更高的单轴抗压强度。

如图 2-7 所示，纤维混凝土的自收缩应变和单轴抗压强度之间呈线性关系。在水泥砂浆和素混凝土中也发现了类似的线性关系。相关性系数可以评估线性关系的可靠性。除 S0.43 外，相关性系数均在 0.8 以上。S0.43 的相关性系数较低是由于短波浪形钢纤维在混凝土中分布不均匀造成的。这种线性关系与水化过程中钢纤维对自收缩和抗压强度的影响有关。随着水化时间的增加，水化程度增加，自收缩率和抗压强度均增加。这种线性关系意味着混杂纤维混凝土的单轴抗压强度可以根据其自收缩率来确定。

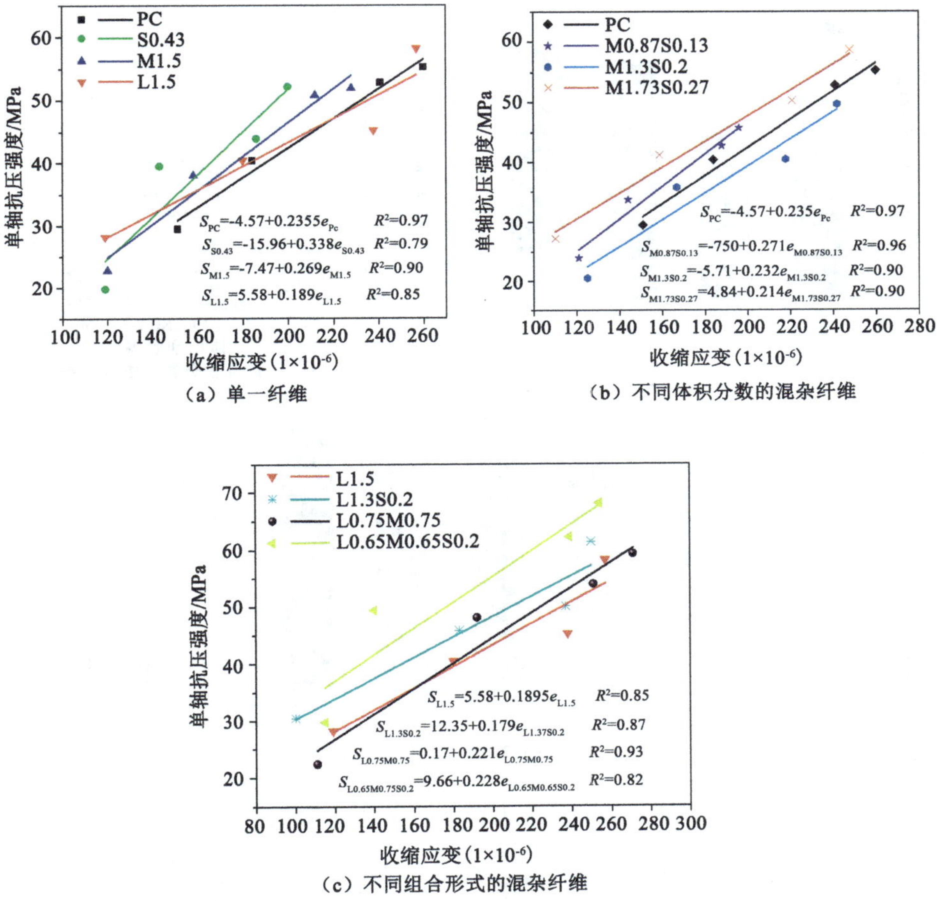

图 2-7　混凝土单轴抗压强度与收缩应变关系

2.3.2　劈裂拉伸强度

纤维混凝土 28 d 龄期时的劈裂拉伸强度如图 2-8 所示。与素混凝土 PC 相比，钢纤维的添加均提高了混凝土的劈裂拉伸强度。纤维混凝土的劈裂拉伸强度范围为 3.56 MPa 至 6.16 MPa，高于素混凝土的 3.46 MPa。与 PC 相比，单一纤维混凝土劈裂拉伸强度增加了 2.9%至 49.4%[见图 2-8(a)]。与 L1.5 相比，含有长钩端钢纤维的混杂纤维混凝土的劈裂拉伸强度分别提高了 2.9%、9.9%和 19.1%[见图 2-8(c)]。

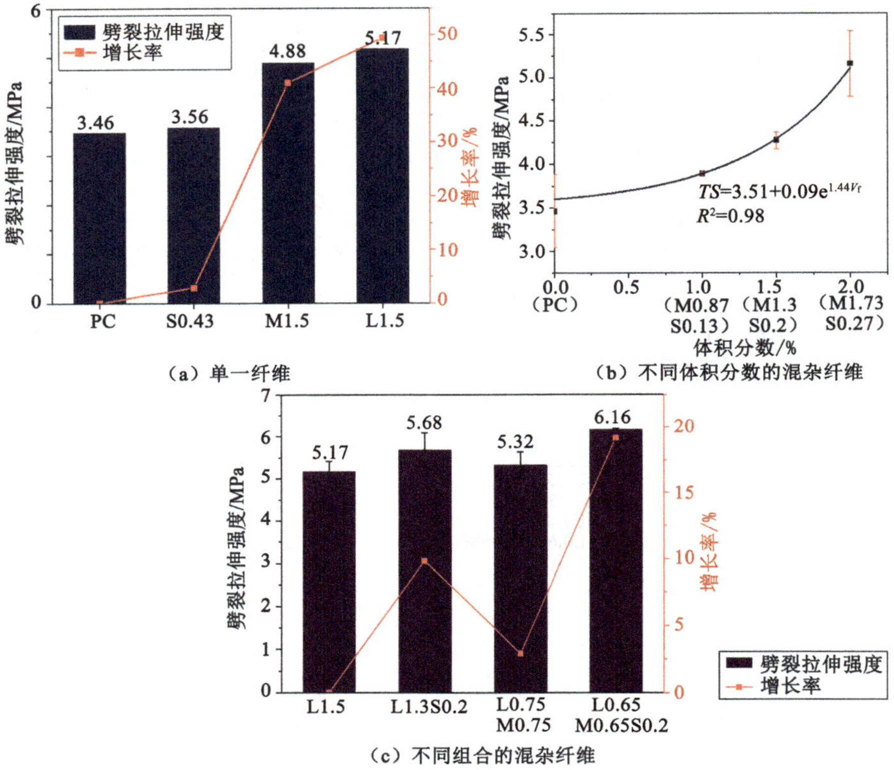

图 2-8　混凝土混合物的劈裂拉伸强度

图 2-8(a)显示了单一纤维对混凝土劈裂拉伸强度的影响。S0.43 产生与 PC 相似的劈裂拉伸强度。然而，M1.5 和 L1.5 的劈裂拉伸强度比 PC 增加了 41.0%和 49.4%，分别达到 4.88 MPa 和 5.17 MPa。这主要是不同钢纤维对裂纹扩展的作用不同。短波浪形钢纤维能够阻止微裂纹的形成和扩展，延缓了微裂纹的融合过程，但其对宏观裂纹的扩展的作用较小。因为短波浪形钢纤维随着宏观裂纹的形成被拉出，失去对裂纹扩展的抑制作用。而钩端钢纤维具有

更高的黏结强度和抗拉强度，可以桥接宏观裂纹并在宏观裂纹间传递应力。因此，钩端钢纤维可以阻止宏观裂纹的扩展并减少裂纹尖端的应力集中，从而提升混凝土劈裂拉伸强度。混凝土的失效模式（图 2-9）能够为上述分析提供支持。PC 和 S0.43 试样表面仅有少量的宏观裂纹。而 L1.5 和 M1.5 表面宏观主裂纹周围出现多条分支裂纹，并且试样表面的微小裂纹数量也较多。这种断裂形态上的差异直观地表明了波浪形钢纤维和钩端纤维对裂纹扩展的不同抑制效果。

图 2-8(b)显示了不同体积分数的混杂纤维混凝土的劈裂拉伸强度。当体积分数从 0%增加到 2.0%时，其劈裂拉伸强度从 3.46 MPa 增长到 5.16 MPa。结果表明混杂纤维混凝土的劈裂拉伸强度与混杂纤维体积分数之间存在指数函数关系：

$$TS = aTS_0 + be^k V_f \tag{2-1}$$

式中，TS 为拉伸劈裂强度；TS_0 为素混凝土的劈裂拉伸强度；V_f 为混杂纤维的体积分数(%)；a、b、k 为常数。在图 2-8(b)中，TS_0 为 3.46，试验数据拟合获得的 a、b 和 k 分别为 1.01、0.09 和 1.44，函数的相关性系数为 0.98。在本章中考虑的混杂纤维体积分数范围(≤2%)，超出此范围的添加量不适于本关系。

不同组合的混杂纤维对混凝土劈裂拉伸强度的影响效果如图 2-8(c)所示。合理的混杂纤维配合对混凝土劈裂拉伸强度能够产生协同增强效应。L1.3S0.2、L0.75M0.75 和 L0.65M0.65S0.2 的劈裂拉伸强度分别为 5.68 MPa、5.32 MPa 和 6.16 MPa，高于单一纤维混凝土 L1.5 的 5.17 MPa。混杂纤维，包含短波浪形纤维和钩端纤维，如 L1.3S0.2 和 L0.65M0.65S0.2，比含有钩端纤维的混杂纤维具有更强的协同增强效果。短波浪形纤维在限制微裂纹扩展、延缓宏观裂纹的形成方面发挥着积极作用。一旦宏观裂纹出现，短波浪形纤维被拉出，钩端钢纤维桥接宏观裂纹，宏观裂纹扩展受到限制。同时，钩端钢纤维在宏观裂纹两侧传递拉应力，降低了裂纹尖端的应力集中程度。图 2-9 中混杂纤维混凝土的多裂纹失效模式体现了混杂纤维对不同尺度裂纹的抑制效果。

图 2-10 显示了 28 d 龄期混凝土劈裂拉伸强度和单轴抗压强度之间的关系。在混凝土中添加钢纤维能够提高混凝土劈裂拉伸强度与单轴抗压强度的比值。对于素混凝土，该比例为 0.066。而对于纤维混凝土，由于纤维混凝土的劈裂拉伸强度较高而单轴抗压强度基本上与素混凝土相同，因此纤维混凝土的

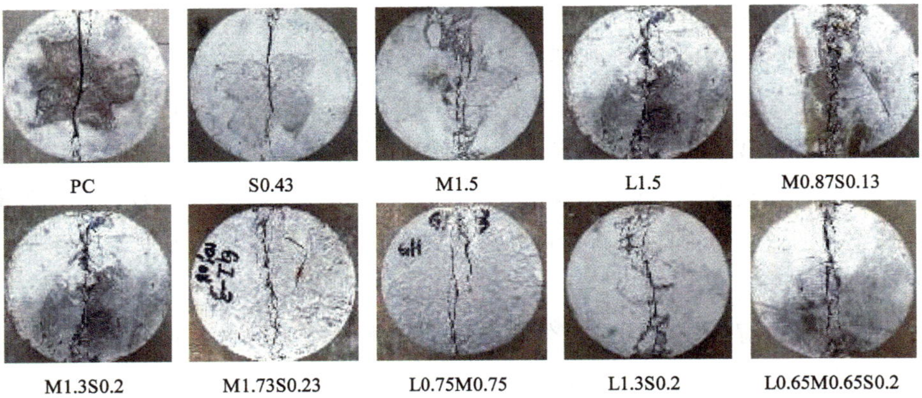

图 2-9　劈裂拉伸载荷下混凝土的破裂形态

劈裂拉伸强度与单轴抗压强度的比值相对较高，其比值在 0.091 到 0.114 之间。这一比例范围与 Nataraja 等[142]和 Choi 等[9]的研究结果相似。除了S0.43，其他纤维混凝土劈裂拉伸强度与单轴抗压强度的比值处于 0.091 到 0.114 这一相对小的范围内。因此，在合理的精度范围内，可以根据纤维混凝土的单轴抗压强度来预测纤维混凝土的劈裂拉伸强度，在本章中选定 0.102 作为含有钩端纤维混凝土劈裂拉伸强度和单轴抗压强度的比值。

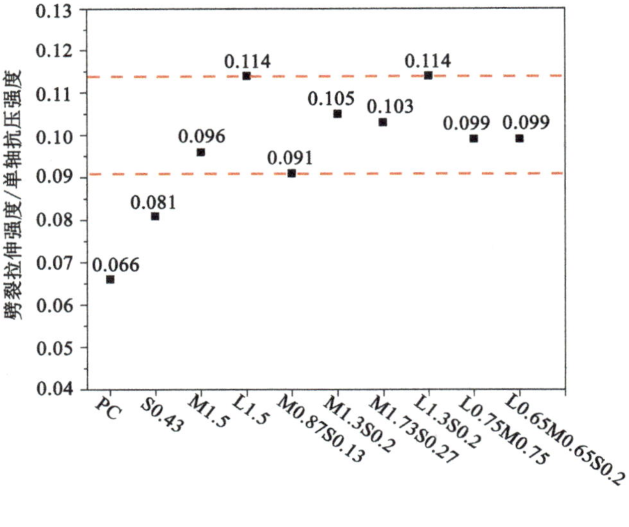

图 2-10　劈裂拉伸强度和单轴抗压强度关系

2.3.3 弯曲力学性能

（1）弯曲应力-CMOD 曲线

纤维混凝土的弯曲性能如图 2-11 所示。图 2-11(a)给出了不同混凝土的弯曲应力-CMOD 曲线。钢纤维，特别是钩端纤维的存在能够提升混凝土的弯曲力学性能并改变其弯曲应力-CMOD 关系。素混凝土 PC 弯曲应力-CMOD 曲线在峰值载荷之前呈现线性增长。峰值载荷之后，弯曲应力呈现急剧下降，混凝土表现出典型的脆性断裂。对于钢纤维混凝土，弯曲应力-CMOD 曲线在峰

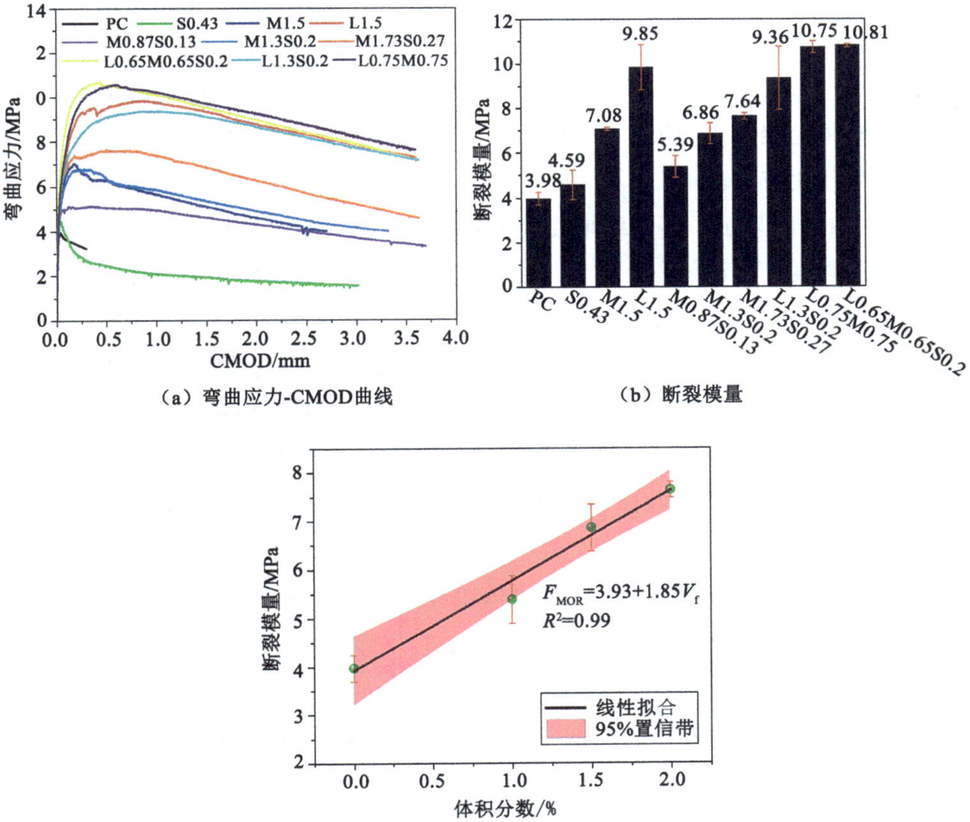

（a）弯曲应力-CMOD曲线

（b）断裂模量

（c）体积分数与断裂模量之间关系

图 2-11 纤维混凝土弯曲力学特性

（置信带和误差条分别显示 3 个试样的 95％置信区间和标准差）

值载荷之前表现出明显的非线性增长。同时，在峰值载荷附近表现出伪应变硬化行为。这些改变主要是钢纤维与混凝土之间良好的黏结以及钩端纤维的桥接作用使得混凝土内应力能够在裂隙之间传递，降低了混凝土内部的应力集中程度。峰值点之后，纤维混凝土材料表现出典型的应变软化行为。随着CMOD的增加，弯曲应力缓慢下降。这主要是峰后阶段钩端钢纤维桥接宏观裂隙，使得混凝土在发生较大变形时依然能够承受一定的弯曲载荷而不发生整体性破断。

对于单一纤维混凝土，长钩端钢纤维对混凝土弯曲强度产生更加明显的提升效果。对于具有相同组合（M 和 S）的混杂钢纤维，混杂纤维的体积分数越高，弯曲性能越好。具有相同含量的混杂纤维（L0.75M0.75、L1.3S0.2 和 L0.65M0.65S0.2）在峰前应变硬化和峰值后行为方面表现出的优越的弯曲响应。但整体上表现出与 L1.5 相似的力学行为，这与长钩端纤维在抑制裂纹扩展的主导作用有关。

图 2-11(b)显示了不同纤维混凝土的断裂模量。断裂模量定义为峰值载荷下的弯曲强度。无论体积分数和组合类型如何，钢纤维的加入均增加了混凝土的断裂模量。纤维混凝土的断裂模量范围为 4.59 MPa 至 10.81 MPa，与 PC 相比提高了 15.3%至 171.6%。这主要是由于钢纤维对裂纹桥接和抑制作用[134,143]。对于单一钢纤维混凝土，L1.5 和 M1.5 的断裂模量高于 S0.43。宏观裂纹出现时短波浪形钢纤维被拉出，而钩端钢纤维仍然能够有效地桥接宏观裂纹并传递应力[16,23]。因此，包含钩端钢纤维的混凝土可以承受更高的弯曲载荷。

混凝土断裂模量随着混杂钢纤维体积分数的增加而增加。从图 2-11(b)可以看出，当混杂纤维体积分数从 1.0%增加到 2.0%时，混凝土断裂模量从 5.39 MPa 增加到 7.64 MPa。单位弯曲拉伸面内纤维的数量随着纤维体积分数的增加而增加。单位弯曲拉伸面内纤维的数量与纤维对弯曲裂纹的抑制效果呈正相关性。根据图 2-11(c)，混凝土断裂模量和混杂钢纤维体积分数之间存在线性关系，如式(2-2)所示。

$$F_{\mathrm{MOR}} = aF_{\mathrm{MOR},0} + kV_{\mathrm{f}} \tag{2-2}$$

式中，F_{MOR}为断裂模量；$F_{\mathrm{MOR},0}$为 PC 的断裂模量；a、k 为常数；V_{f}为混杂纤维的体积分数(%)。根据测试数据，a 为 1，k 为 1.85。

对于所有纤维混凝土，包括长钩端钢纤维(L1.5、L0.65M0.65S0.2、L1.3S0.2和L0.75M0.75)的混凝土表现出更高的断裂模量。这一现象表明了长钩端钢纤维对混凝土断裂强度的增强作用。

28 d 龄期纤维混凝土的断裂模量与单轴抗压强度之比如图 2-12 所示。与 PC 相比，钢纤维提高了混凝土断裂模量与单轴抗压强度的比值。对于单一纤维混凝土，单一纤维的存在对提高这一比值产生积极作用。单一纤维中，长钩端纤维混凝土(L1.5)的断裂模量与单轴抗压强度的比值高于 S0.43 和 M1.5。这主要是长钩端纤维在抑制宏观裂纹产生和扩展方面具有优越性。混杂纤维混凝土的断裂模量与单轴抗压强度的比值随着混杂纤维体积分数的增加发生波动。这种波动性主要是由于纤维含量增加引起混凝土中孔隙、微裂隙、黏结弱面和黏结强度的动态变化。混杂纤维种类对断裂模量和单轴抗压强度比值产生一定影响。研究中三种混杂纤维组合与单一长钩端纤维相比均表现出协同效应。L0.65M0.65S0.2、L1.3S0.2 和 L0.75M0.75 的比值分别为 0.174、0.187和 0.199，高于单一长钩端纤维混凝土 L1.5。

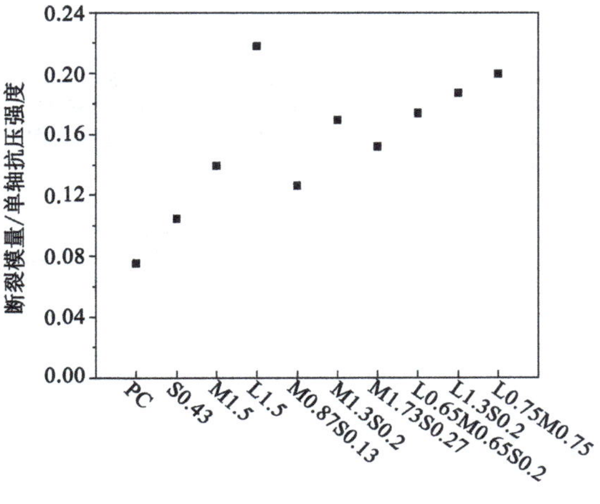

图 2-12　断裂模量与单轴抗压强度的关系

(2) 残余弯曲强度

残余弯曲强度是评价纤维对混凝土峰后弯曲力学性能影响的有效指标。残余弯曲强度按照 EN 14651:2005＋A1:2007 标准进行测定。比例极限(LOP)是切口尖端处的应力，假设该应力作用于未开裂的中跨截面，且试样在中心点载荷作用下具有线性应力分布特征[139]。LOP 对应于 CMOD 低于 0.05 mm 时的最大弯曲应力。对于 CMOD 为 0.5 mm、1.5 mm、2.5 mm 和 3.5 mm 的残余弯曲强度，相应的弯曲强度命名为 f_{LOP}、$f_{R0.5}$，$f_{R1.5}$，$f_{R2.5}$ 和 $f_{R3.5}$。纤维混凝土残余弯曲强度如图 2-13 所示。

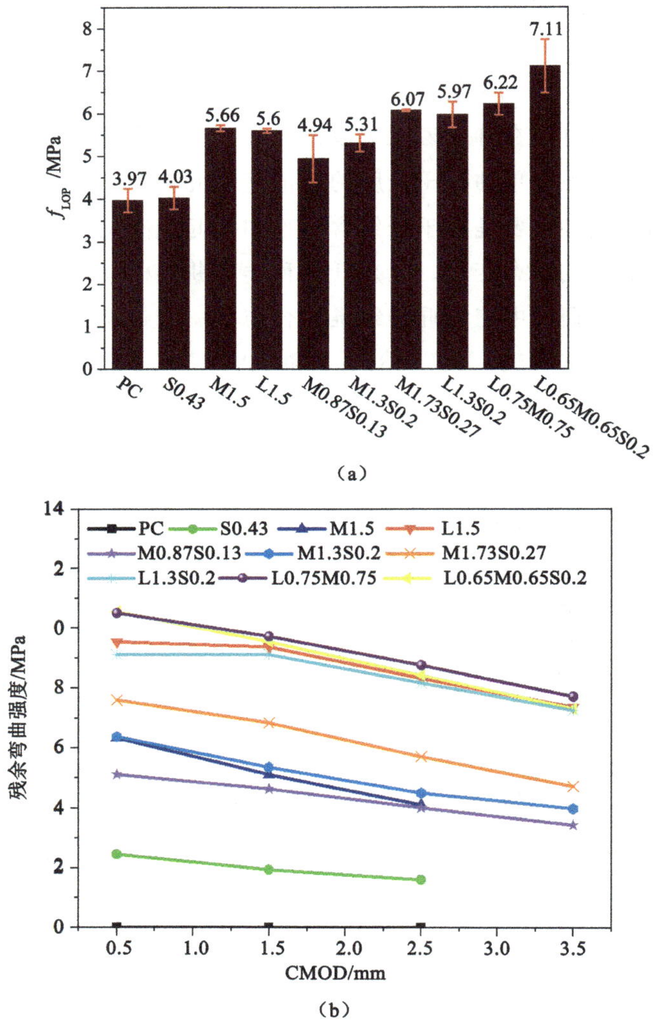

图 2-13　纤维混凝土的残余弯曲强度

图 2-13 显示了不同纤维混凝土的 f_{LOP}。可以看出，钢纤维的添加提升了混

凝土的 f_{LOP}。与 PC 相比，M1.5 和 L1.5 的 f_{LOP} 分别提高了 42.6%和 41.1%，而含有 0.43%短波浪形钢纤维的混凝土 S0.43 的 f_{LOP} 与素混凝土 PC 相似，未表现出明显的增强作用。这与钩端纤维与短波浪形钢纤维在抑制裂纹扩展方面的差异有关。混杂钢纤维的体积分数越高，混凝土的 f_{LOP} 就越高。当体积分数从 1.0%(M0.87S0.13)增加到 2.0%(M1.73S0.27)时，混凝土 f_{LOP} 从 4.94 MPa 增加到 6.07 MPa。对于具有不同混杂纤维组合类型的混凝土，混杂纤维对 f_{LOP} 产生协同增强效应。L0.65M0.65S0.2 的 f_{LOP} 最高，为 7.11 MPa，分别比 L1.5 和 M1.5 高 27.0%和 25.6%。一方面，混杂纤维可以桥接和抑制多尺度裂纹的扩展。另一方面，混杂纤维在混凝土中能够更有效地传递应力，减少混凝土裂纹尖端的应力集中程度。

纤维混凝土的残余弯曲强度如图 2-13(b) 所示。钢纤维的存在能够提升混凝土的残余弯曲强度。素混凝土 PC 发生脆性断裂，几乎没有残余强度，如图 2-11 和图 2-14 所示。L1.5 的残余弯曲强度比 M1.5 和 S0.43 更高。短波浪形钢纤维随着宏观裂纹的延伸而失去对裂纹的抑制作用，如图 2-14(S0.43)所示。

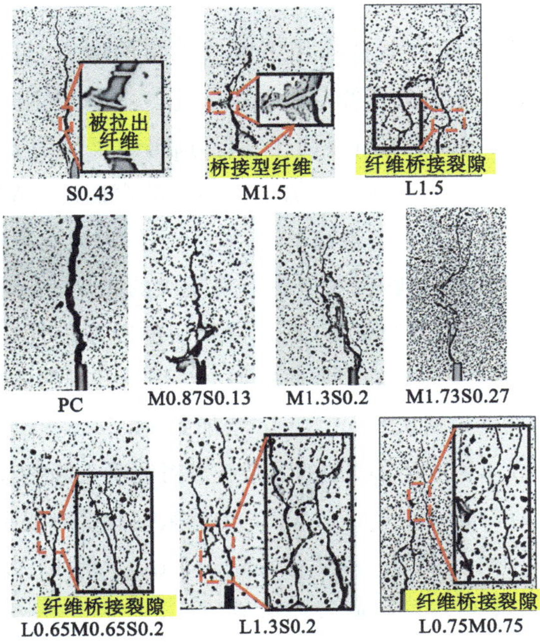

图 2-14　纤维混凝土弯曲断裂形态

因此，短波浪形纤维对宏观裂纹扩展几乎不产生影响。然而，钩端钢纤维与混凝土之间有较高的黏结强度和机械摩擦力，可以对宏观裂纹扩展融合过程进行有效抑制，如图 2-14 所示（M1.5 和 L1.5），从而减缓宏观裂纹的扩展。

混杂纤维混凝土的残余弯曲强度随着混杂纤维体积分数的增加而增大。例如，M1.73S0.27(2.0%)的残余弯曲强度比 M0.87S0.13(1.5%)高 37.6% 至 49.0%。较高的纤维添加量能够增加单位弯曲拉伸面内纤维的数量，从而能够对弯曲拉伸面内的宏观裂纹进行更加有效的抑制。因此，在本章纤维添加量体积范围内，混杂纤维体积分数越高，纤维混凝土中宏观裂纹扩展被更有效地抑制，M0.87S0.13 和 M1.73S0.27 断裂面出现的分支裂纹路径证明了这一点（见图 2-14）。与单一长钩端钢纤维(L1.5)相比，具有相同体积分数但不同组合类型的混杂纤维对残余弯曲强度产生相似的影响。L0.75M0.75、L1.3S0.2 和 L0.65M0.65S0.2 的残余强度与 L1.5 类似。这是因为随着短波浪形钢纤维被拉出，钩端钢纤维在峰值载荷后依然能够桥接和阻止宏观裂纹并在宏观裂纹之间传递应力。

(3) 断裂韧性和延展性

断裂韧性表示混凝土在载荷作用下吸收能量的能力，可以通过对载荷-位移曲线下方的面积进行积分获得[图 2-15(a)]。本章中对峰值载荷(T_p)和 CMOD 为 3.0 mm($T_{3.0}$)处的断裂韧性进行分析，结果如图 2-15 所示。

钢纤维，特别是长钩端钢纤维增加了混凝土的弯曲断裂韧性。对于单一钢纤维，长钩端钢纤维混凝土具有最高的 T_p 和 $T_{3.0}$，但短波浪形钢纤维对 T_p 几乎不产生影响。钩端钢纤维能够有效抑制宏观裂纹的扩展，从而在混凝土出现宏观裂纹时依然能够承受较高的载荷，增加混凝土的断裂韧性。纤维混凝土的断裂韧性随着混杂纤维体积分数的增加而增加。当混杂纤维的体积分数从 1.0% 增加 2.0% 时，T_p 和 $T_{3.0}$ 分别从 8.58 N·m 增加到 14.52 N·m 和从 41.44 N·m 增加到 60.85 N·m。不同组合类型的混杂纤维对混凝土断裂韧性产生不同的增强效果。L0.65M0.65S0.2 和 L0.75M0.75 中混杂钢纤维对混凝土的断裂韧性产生了协同增强效应，两者的 T_p 和 $T_{3.0}$ 均高于 L1.5。但 L1.3S0.2 的 $T_{3.0}$ 低于 L1.5，这主要是由于短纤维的边际效应造成的。

总体而言，纤维混凝土在峰值载荷之前具有应变硬化行为[见图 2-11(a)和图 2-15(a)]，并且整体弯曲变形能力增强[141]。本章中，LOP 被认为是裂纹起始

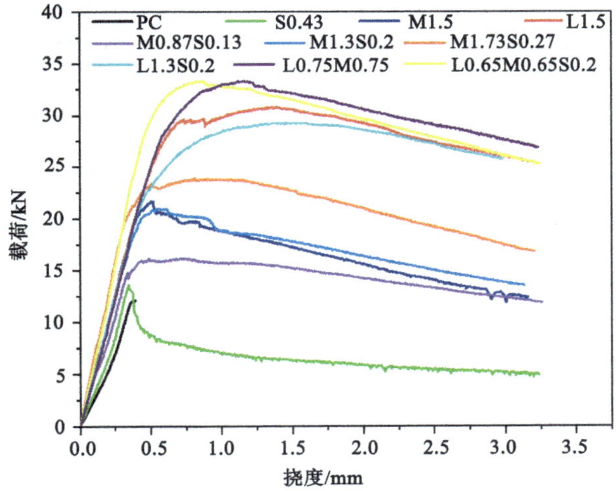

（a）典型的载荷-挠度曲线

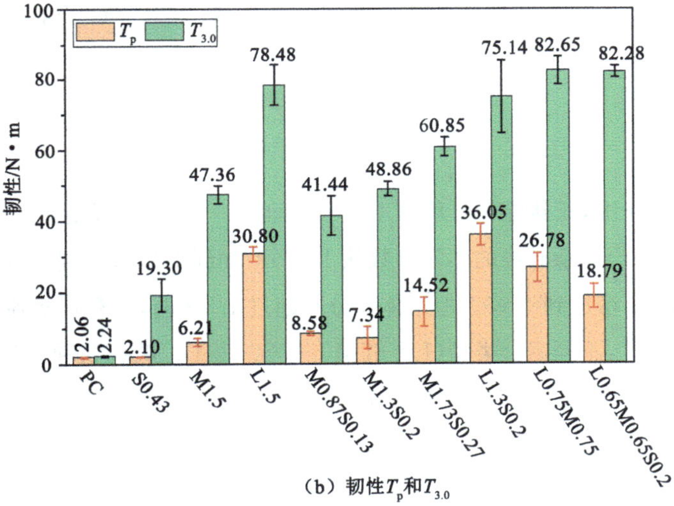

（b）韧性T_p和$T_{3.0}$

图 2-15　纤维混凝土韧性

（误差线显示 3 个试样的标准差）

载荷。除 PC 外，纤维混凝土峰值载荷均高于 LOP，这表明纤维混凝土较高的延展性。本章采用延展性指数（DI）来衡量纤维混凝土的延展性，DI 由以下关系式确定[144]：

$$\mathrm{DI} = \frac{\delta_{\mathrm{P}}}{\delta_{\mathrm{LOP}}} \tag{2-3}$$

式中，δ_P是峰值载荷时的挠度；δ_{LOP}是 LOP 时的挠度。延展性指数 DI 越高，表明峰值载荷之前的延展性越高。纤维混凝土的 DI 如图 2-16 所示。

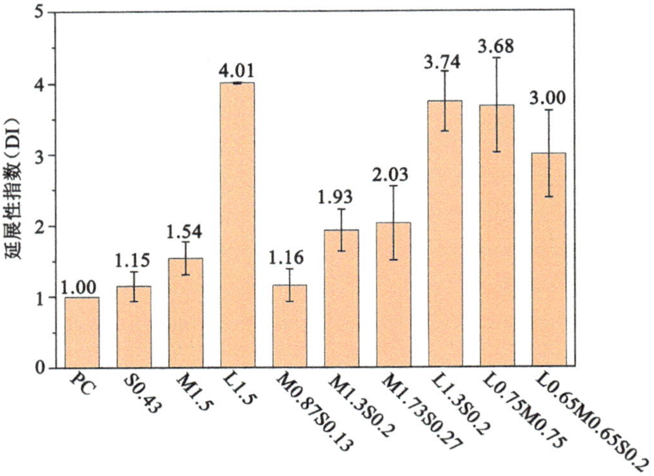

图 2-16　混凝土的延展性指数

（误差线显示 3 个试样的标准差）

对于单一纤维，长钩端钢纤维(L1.5)比其他单一纤维对混凝土延展性指数的提升更加明显。当混杂纤维的体积分数从 1.0%增加到 1.5%时，混杂纤维混凝土延展性指数从 1.16 增加到 1.93。但当体积分数超过 1.5%时，没有观察到进一步的增长。与 L1.5 相比，不同组合类型(L0.65M0.65S0.2、L1.3S0.2 和 L0.75M0.75)的混杂纤维混凝土具有较低的延展性，延展性指数从 4.01 下降到 3.00、3.74 和 3.68。这可能是由于短纤维在 LOP 后阻止宏观裂缝扩展失效。

2.4　混杂钢纤维效果评价

本章中采用混杂效应系数[144-146]对混杂钢纤维对混凝土弯曲性能的影响进行评价。混杂效应系数(α)定义为：

$$\alpha = \frac{f_{HC} - f_{PC}}{\sum_i (f_{Mi} - f_{PC})\beta_i} \tag{2-4}$$

式中，f_{HC}为混杂纤维混凝土的抗弯强度；f_{PC}为 PC 的抗弯强度；f_{Mi}为单一纤维混凝土的抗弯强度（$i=1,2,3$，其中 1＝L1.5，2＝M1.5，3＝S0.43）；$\beta_i = V_i/V_{Mi}$，其中 V_{Mi} 是单一纤维体积分数，V_i 是混杂纤维的体积分数（$i=1,2,3$，其中 1＝L，2＝M，3＝S）。如果 $\alpha>1$，则混杂纤维对抗弯强度产生正效应；如果 $\alpha<1$，则视为负效应。为了便于比较，仅给出体积分数为 1.5％的混杂纤维混凝土的混杂效应系数。

纤维体积分数为 1.5％的混杂纤维混凝土 f_{LOP}、断裂模量和 $f_{2.5}$ 的混杂效应系数如图 2-17 所示。混杂纤维混凝土 L0.65M0.65S0.2 和 L0.75M0.75 对所考虑的三个参数产生了正混杂效应。当短纤维仅与 L 或 M 混合时，混杂钢纤维未表现出明显的混杂效应。但 L1.3S0.2 除外，它在 f_{LOP} 上表现出明显的混杂增强效应。总体而言，长径比相同但长度不同的长钩端钢纤维和中钩端钢纤维的混合产生了明显的混杂增强效应。当混杂纤维中含有三种钢纤维时，混杂增强效果更强。简单的解释是：不同长度的钩端钢纤维的混杂可以对宏观和细观裂纹的萌生和扩展产生更好的限制作用并能在宏细观裂纹间传递应力[144]，而短波浪形钢纤维能够较好地抑制微裂纹扩展。因此，三种纤维的混合产生了更好的混杂效应，其中 α 值最高的为 L0.65M0.65S0.2。

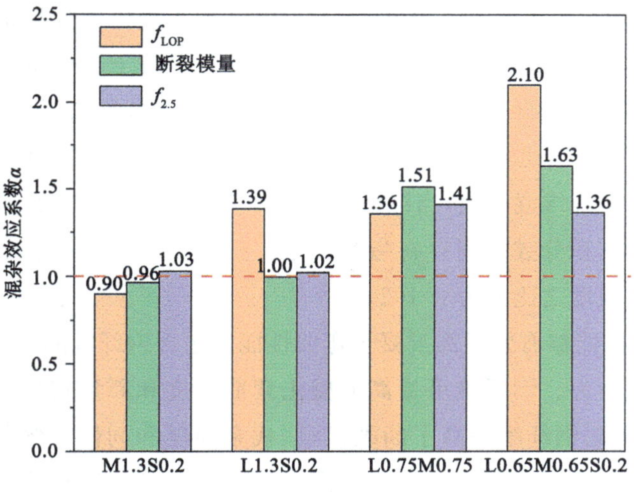

图 2-17　体积分数为 1.5％的混杂纤维的混杂效应系数

2.5 小　　结

本章研究了三种不同钢纤维混杂对混凝土物理力学性能的影响，对混杂纤维混凝土进行了优化设计，确定最佳混凝土配合比。主要结论如下：

(1) 添加钢纤维降低混凝土的和易性和工作性能。短波浪形钢纤维比钩端钢纤维对混凝土和易性影响更加明显。混杂纤维混凝土的和易性随着纤维体积分数的增加而显著降低，特别是当纤维体积分数超过一定水平(1.5%)时。包含长钩端钢纤维的混杂纤维对混凝土和易性的影响与混杂纤维混杂类型有关。

(2) 短波浪形钢纤维比钩端钢纤维对混凝土自收缩应变产生更好的抑制效果。长钩端钢纤维对混凝土自收缩影响不明显。当混杂纤维(M+S)的体积分数超过 1.0%时，收缩应变随纤维体积分数的增大而增大。包含长钩端钢纤维的混杂钢纤维对混凝土自收缩不产生协同效应。

(3) 单一钢纤维对混凝土单轴抗压强度不产生明显影响。当混杂纤维体积分数从 1.0%增加到 1.5%时，单轴抗压强度下降，但当体积分数超过 1.5%时，单轴抗压强度增加。不同组合类型的混杂纤维对混凝土单轴抗压强度产生协同效应。纤维混凝土自收缩应变和压缩强度之间存在线性关系。

(4) 钩端钢纤维比短波浪形钢纤维对混凝土劈裂拉伸强度有更显著的增强效果。对于混杂纤维混凝土，当混杂纤维体积分数从 0.0%增加到 2.0%时，劈裂拉伸强度与体积分数之间存在指数关系。钩端钢纤维混凝土的劈裂拉伸强度与单轴抗压强度之比约为 0.102。

(5) 钢纤维能够有效提高混凝土弯曲性能。包含钢纤维的混凝土表现出伪应变硬化力学行为。钢纤维可提高混凝土弯曲强度和断裂韧性。与其他纤维混合相比，长钩端钢纤维提高了断裂模量、残余强度和韧性。弯曲强度随着混杂纤维体积分数的增加而增加。断裂模量与混杂纤维的体积分数之间存在线性关系。不同的混杂纤维混凝土，断裂模量与单轴抗压强度之比也不同。L0.65S0.65和 L0.75M0.75 对断裂模量和韧性产生协同增强作用。

(6) 钩端钢纤维改变了混凝土弯曲断裂模式。单钩端钢纤维能够有效抑制混凝土弯曲断裂裂纹扩展，改变混凝土的弯曲断裂模式。当混杂纤维体积分数从 1.0%增加到 2.0%时，弯曲断裂模式由单一裂纹转变为分支断裂。

（7）根据纤维混凝土物理力学性能和混杂效应，包含三种钢纤维的混杂钢纤维凝土 L0.65M0.65S0.2 是最佳配比。

第3章　混杂钢纤维混凝土剪切力学性能强化机制

短纤维对素混凝土力学性能的有益影响已在学术研究和实际应用中得到证明。混凝土由于其脆性而容易发生低应变脆性破断开裂。短纤维能够有效地抑制混凝土中微裂纹的萌生、扩展和融合，延缓受载过程中宏观裂纹的形成。相关研究表明钢纤维对混凝土力学性能，特别是拉伸相关力学性能有显著的增强作用。然而，与抗压强度和抗弯强度相比，混杂纤维对混凝土剪切力学行为(如剪切强度、剪切应力传递能力和损伤模式)影响尚未明确。

混凝土剪切力学性能与垮裂纹剪应力传递能力有关。众所周知，混凝土的剪应力传递能力与骨料互锁作用、裂纹界面摩擦作用和销钉作用有关[147]。研究发现素混凝土的剪应力主要通过骨料的互锁传递[148-149]。随着裂缝宽度的增加，跨裂缝的剪切应力传递能力降低，剪切面周围材料的应力状况和力学性能发生变化。随着载荷的增加，剪切面附近出现对角线微裂纹。剪切裂纹的扩展导致沿裂纹的剪切刚度降低[150]。同时，剪切裂缝周围的压应力随着裂缝宽度的增加而减小，从而降低了骨料的互锁效应、抗裂性和销钉作用[151]。因此，延缓剪切裂纹的扩展是提高混凝土抗剪强度的有效途径。

添加钢纤维，特别是混杂钢纤维是提高混凝土抗剪性能的有效途径[151-153]。混凝土断裂是从微观裂纹扩展到宏观裂纹贯通的多尺度损伤破裂过程。在载荷作用下，微裂纹在界面过渡区(ITZ)等结构微缺陷周围形成并逐渐扩展[154]。随着载荷的增加，微裂纹扩展贯通形成宏观裂纹。由于素混凝土中的骨料对宏观裂纹扩展的抑制作用有限，因此载荷作用下宏观裂纹扩展迅速。当素混凝土中加入钢纤维时，钢纤维对裂纹的扩展具有抑制作用，能够延缓宏观裂纹的形成[155]。钢纤维，如钩端钢纤维能够桥接并抑制宏观裂纹的扩展[3]。在混杂纤维混凝土中，微观和宏观裂纹的扩展受到钢纤维的抑制。同时混凝土中的混杂纤维能够桥接裂纹，实现剪应力在裂纹间的传递，降低剪切面周围的应力集中程度。因此，混杂钢纤维能够提升混凝土骨料互锁、剪切摩擦和销钉作用。当钢纤维将剪切应力传递到距离剪切面一定距离的混凝土基质中时，剪切面附近的剪切应力集中程度降低，剪切面周围水泥砂浆损伤程度降低，从而减缓了混凝土构件强度损失和结构断裂。混杂纤维对混凝土剪切力学性能的增强程度取决于纤维的含量、材料、形状以及混杂方式。

随着钢纤维混凝土的广泛使用，钢纤维对混凝土构件抗剪强度的增强作用已得到认可。一些建筑规范和标准[156-157]建议使用钢纤维来承受混凝土结构中部分单向剪力。然而，这些规范和标准对短纤维的应用有严格的要求，限制了钢纤维对混凝土结构剪切强度的增强作用的发挥。与单轴抗压强度和弯曲拉伸强度相比，混杂钢纤维混凝土剪切性能的研究非常有限。纤维混杂形式、含量和纤维形状对混凝土构件抗剪性能的影响尚不明确，这些均阻碍了混杂钢纤维混凝土的工程应用。

为了更好地了解纤维增强混凝土材料的剪切力学行为，需要对纤维混凝土的剪切力学行为进一步研究。相关研究[150,158-159]已经采用几种测试方法，例如直剪测试、斜剪测试和推出测试，对混凝土剪切力学性能进行了研究。通常采用推出试验来研究混凝土界面之间发生滑动时的剪切性能[160]。尽管推出试验不是标准的剪切试验方法，但它被认为是研究剪切性能的合适方法并已被广泛使用[149,161]。本章分析了推出试验方法中混杂纤维混凝土的剪切力学行为。本章对第二章设计的混杂纤维混凝土开展 Z 型剪切试验，分析三种钢纤维（长钩端、中钩端、短波浪形）混杂对混凝土剪切力学响应的影响规律。

3.1　混杂纤维混凝土剪切力学行为

3.1.1　混杂纤维混凝土剪切力学特性测试方法

本章测量了混凝土的单轴抗压强度和剪切强度。单轴抗压强度根据标准 EN 12390-3：2019 测试。混凝土 28 d 龄期单轴抗压强度如图 3-1 所示。开展 Z

型剪切试验分析纤维混凝土的剪切性能。试验采用长×宽×高=150 mm×150 mm×250 mm 的长方体试件。为了使剪切裂纹的萌发和扩展沿着设计剪切面进行，在试样两侧切割了两个宽度×深度=6 mm×75 mm 的切口，形成 8 250 mm^2 的剪切面。Z 型剪切试验试样的尺寸如图 3-2 所示。

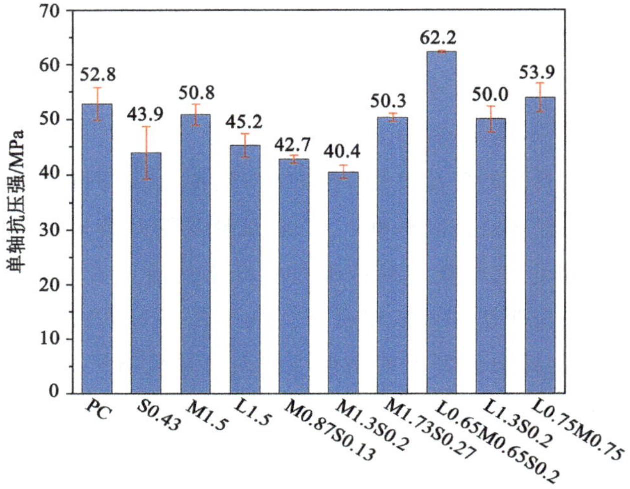

图 3-1　纤维混凝土 28 d 龄期单轴抗压强度(3 个试样的平均值)

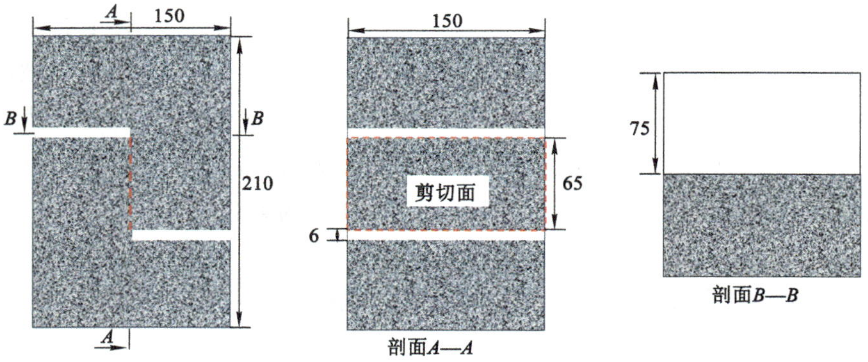

图 3-2　Z 型剪切试样品尺寸(mm)

试验装置如图 3-3(a)所示，在试样两侧添加侧向限制钢板，从而避免试样在竖向剪切载荷作用下发生倾斜。在侧向限制钢板和试样之间放置聚四氟乙烯薄膜以减少试样发生剪切位移时与钢板之间的摩擦。将两个 LVDT 放置在切口处用以监测剪切面滑动位移。剪切面上的剪切载荷由带有 300 kN 的压力传感器的液压缸施加。载荷施加过程中,采用剪切位移控制方式,剪切位移速度为 0.003 mm/s。对每种混凝土进行三次重复试验,将三个试验结果的平均值作为混凝土的剪切强度。

(a) 试验装置

(b) DIC研究区域

图 3-3 Z 型剪切测试

利用数字图像相关技术(DIC)监测剪切断裂过程并分析加载过程中的试样的损伤破裂程度。数字图像相关技术是 20 世纪 80 年代由美国和日本研究人员提出的一种光学测量方法[162-163]。利用数字图像相关技术能够在非接触状态下对测试试样的表面全场位移进行监测。由于数字相关技术具有操作简单、受测试环境干扰小等优点,DIC 技术已经在材料性能、断裂过程分析、固体力学等众多领域被广泛应用[164-167]。

DIC 测量技术通过对比试样表面前后两张图像的灰度信息,根据相同区域内灰度图像信息的变化,使用相关数值化算法,获取试样表面的位移和应变信息。数字图像相关技术的具体原理如图 3-4 所示。选取图像中点 P 作为参考点,其坐标为 $P(x,y)$。以 P 点为中心,选取边长为 $2m+1$ 的正方形区域定义为子区域。在子区域内按照预先选定的相关函数和搜索算法对子区域进行遍历分析,基于搜索算法在目标子区域内寻找相关函数的极值点的位置,并将分析区域内相关函数的极值点位置作为参考区域分析变形后对应的区域。在变形图像中 $P'(x',y')$作为变形图形的分析区域中心点,变形前后两张图像中心区域 P 和 P'的坐标之差即为该分析区域在 x 和 y 方向上发生的位移矢量。根据位移矢量可以获得分析区域的应变场,从而为后续相关分析提供数据支持。

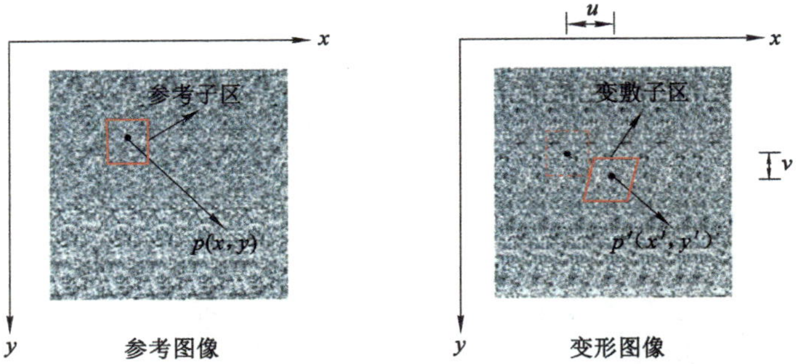

图 3-4 数字图像相关原理示意图

从数字图像相关技术的原理可以看出，数字相关技术是以试样表面的灰度图像为基础进行数据处理和分析的。因此，在具体的测试过程中试样表面的灰度图像对 DIC 结果的准确性和精度有着重要的影响。对于混凝土试样，试样表面以灰色为主，自身灰度差异较小。为了提升监测的精度，需要对混凝土试样表面进行预处理，提升混凝土试样表面的灰度值。本章中采用在试样表面喷涂哑光漆的方法来实现试样表面灰度值的提升。首先，利用砂纸将研究区域(RoI)打磨光滑，然后在研究区域喷涂一层白色哑光漆，最后，在研究区域内随机喷涂黑色哑光漆，如图 3-3(b) 所示。焦距为 24～85 mm 的数码相机(尼康 D800)放置于距试样表面约 35 cm 处。在试验过程中相机以 1 Hz 的频率采集图像，图像分辨率为 5 520×3 680 像素，比例因子为 5.58 μm/像素。

3.1.2 剪切应力-滑移曲线

Z 形剪切试件的剪切应力 f(MPa)按式(3-1)计算：

$$f = \frac{F}{A} \tag{3-1}$$

式中，F 是施加载荷，N；A 是剪切面面积，mm^2。

图 3-5 显示了不同混杂纤维混凝土的剪切应力-滑移曲线。与素混凝土相比，钢纤维提高了混凝土的剪切强度。对于素混凝土，剪切应力随着剪切位移增加呈线性变化，达到峰值载荷后迅速下降，最终导致混凝土试样发生脆性剪切破坏(见图 3-5)。当剪切位移超过 1.0 mm 时，随着剪切位移增加，剪切应力在较低水平保持相对恒定，这主要是由于侧向限制使得剪切面内存在一定的摩

擦阻力。对于钢纤维混凝土，在峰值剪应力之前出现明显非线性增加，并表现出伪应变硬化行为。这是由于钢纤维对微裂纹的产生和扩展具有抑制作用[153]。在峰值应力之后，剪切应力随着剪切位移的增加而缓慢下降，表现出应变软化行为。这是由于钢纤维在混凝土裂缝两侧传递剪切应力，降低了剪切裂纹尖端的应力集中程度(图 3-6)，因此纤维混凝土试样在峰后产生较大剪切滑移时依然能够保持较高的剪切应力。

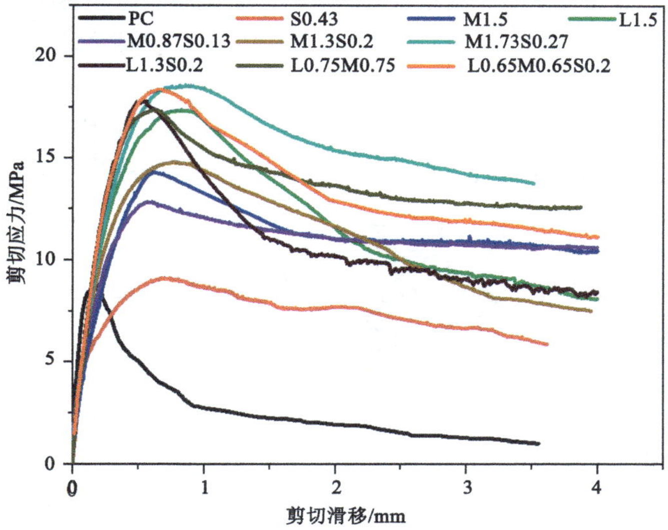

图 3-5　纤维混凝土的剪切应力-滑移曲线

对于单一钢纤维，长钩端钢纤维对混凝土产生更好的抗剪增强效果。对于含有 M 和 S 的混杂钢纤维混凝土，较高的混杂纤维体积分数(M1.73S0.27)对剪切强度产生更强的增强效果。对于相同含量但不同混杂类型的混杂纤维混凝土(L1.3S0.2、L0.75M0.75、L0.65M0.65S0.2)，其剪切性能与单一类型纤维增强混凝土相似(L1.5)，表明长钩端钢纤维对混凝土剪切裂纹扩展发挥主要抑制作用。

图 3-7(a)显示了不同混凝土的剪切强度。结果表明钢纤维的添加提高了混凝土的剪切强度。钢纤维混凝土的平均抗剪强度为 9.13～18.56 MPa，比素混凝土提高了 3.51%～110.43%。对于单一钢纤维，钩端钢纤维(M1.5、L1.5)比短波浪形钢纤维(S0.43)对混凝土剪切强度产生更强的增强效果。这主要是

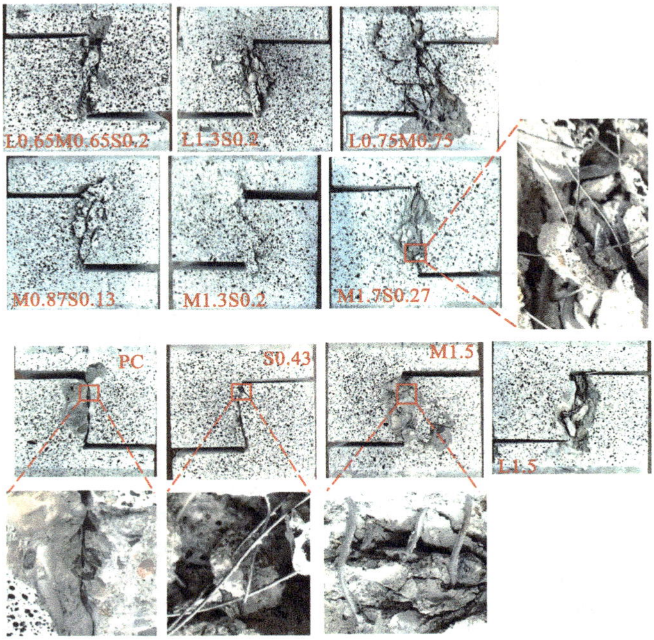

图 3-6　混凝土峰值剪切应力试样表面的裂纹形貌

由于钩端钢纤维与水泥基体之间有更高的黏结强度，从而对裂纹的扩展产生更强的抑制作用。混杂纤维混凝土的抗剪强度随着纤维体积分数的增加而增加。当纤维体积分数从 1.0%增加到 2.0%，混杂纤维混凝土剪切强度从 12.82 MPa（M0.87S0.13）增加到 18.56 MPa（M1.73S0.27）[图 3-7(a)]。混凝土单位剪切面内纤维数量随着体积分数的增加而增加，从而对混凝土剪切面裂纹扩展产生更强的抑制作用。纤维体积分数与剪切强度之间的关系可用式(3-2)中的线性函数表示[图 3-7(b)]。

$$F_s = a + bV_f \tag{3-2}$$

式中，F_s 为抗剪强度；V_f 为钢筋纤维的体积分数；a、b 为通过试验数据拟合得到的常数。根据测试数据，当 V_f 在 1.0%以下时，a 为 8.82，b 为 0.31；当 V_f 在 1.0%至 2.0%之间时，a 为 -0.76，b 为 9.92。

混杂纤维对混凝土剪切强度产生协同增强效应。L1.3S0.2、L0.75M0.75 和 L0.65M0.65S0.2 的剪切强度分别为 17.79 MPa、17.34 MPa 和 18.37

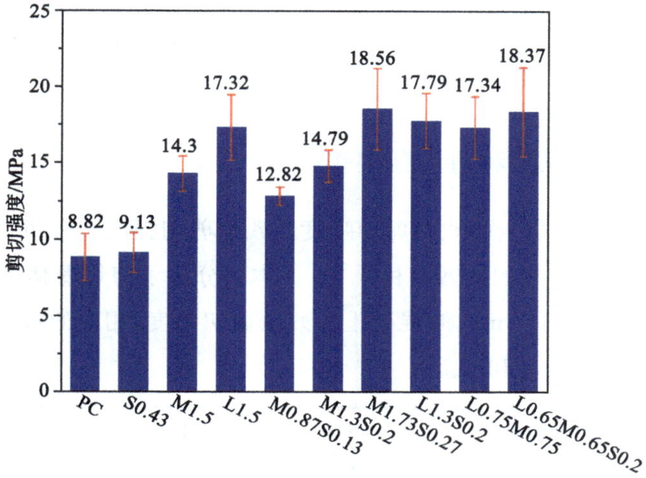

（a）不同混凝土的剪切强度

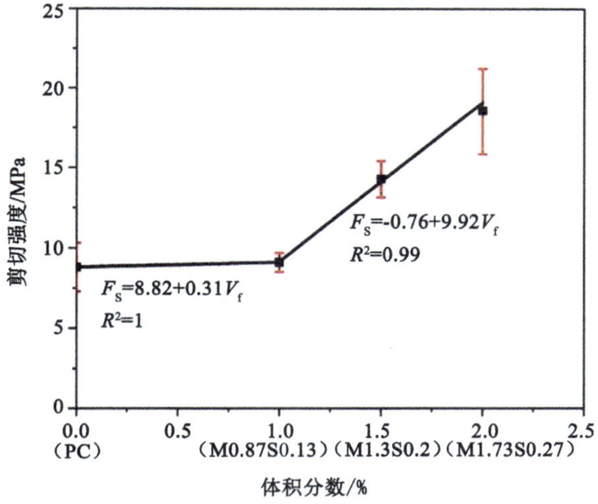

（b）体积分数与剪切强度的关系

图 3-7　剪切强度及纤维体积分数与剪切强度的关系

（数据为 3 个试样的平均值）

MPa，高于 L1.5(17.32 MPa)。三种纤维(L0.65M0.65S0.2)的混杂产生了更明显的协同增强效应。短波浪形钢纤维能有效阻止微观裂纹的形成和扩展，延缓宏观裂纹的形成。一旦出现宏观裂纹，短波浪形纤维被拉出(见图 3-6)。然而，钩端钢纤维可以桥接宏观裂纹，如图 3-6 所示，将剪应力在宏观裂纹之间传递。钩端钢纤维的桥接效应延迟了裂纹扩展并使混凝土剪切面保持一定的压应力，从而在抑制剪切裂纹扩展的同时使得剪切面之间具有一定的摩擦力和骨料的互锁效应[168-169]。

3.1.3 残余剪切强度和剪切断裂韧性

图 3-8 显示了混凝土的残余剪切强度。残余剪切强度是分析钢纤维对混凝土开裂后剪切性能影响的有效指标[170-171]。本章分析了剪切滑移量为 0.5 mm、1.5 mm、2.5 mm 和 3.5 mm 时混凝土的残余剪切强度，相应的残余剪切强度被命名为 $f_{R0.5}$、$f_{R1.5}$、$f_{R2.5}$ 和 $f_{R3.5}$。

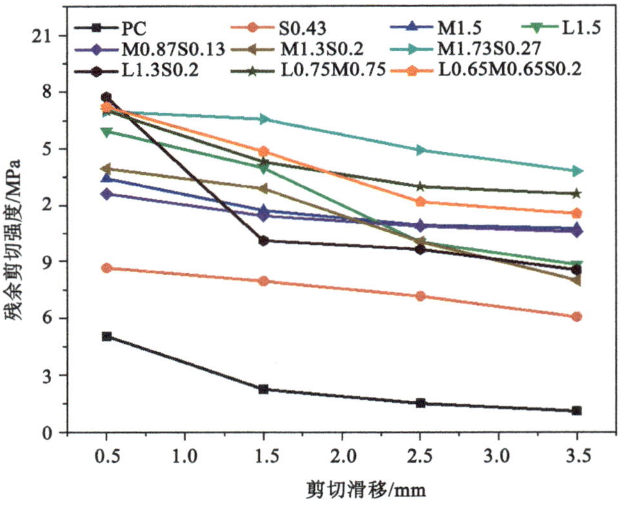

图 3-8 纤维混凝土残余剪切强度

试验结果表明钢纤维的存在增强了混凝土残余剪切强度。对于普通混凝土，残余剪切强度较低，约为 1.5 MPa，这主要是由于侧向约束力使剪切面产生了一定的摩擦力。在单一纤维混凝土中，长钩端钢纤维(L1.5)比中钩端钢纤维(M1.5)和短波浪形钢纤维(S0.43)对残余剪切强度具有更显著的增强效果。这主要是长钩端钢纤维对混凝土宏观裂纹有更好的桥接效果。在宏观裂纹形成初期，短波浪形钢纤维即发生脱黏而被拉出。而钩端钢纤维由于较大的表面接触面积和钩端形状，具有较强的抗拉出强度，可以有效地抑制宏观裂纹的扩展，延缓混凝土整体破裂。同时，长钩端纤维能够在较大的范围内桥接宏观裂纹并传递剪切应力，因此可以有效地降低混凝土中的应力集中程度。

残余剪切强度随着混杂纤维体积分数的增加而增加。当混杂纤维体积分数从 1.0％（M0.87S0.13）增加到 2.0％（M1.73S0.27），纤维混凝土残余剪切强度增加了 32％左右。单位剪切面内钢纤维的数量随着体积分数的增加而增加，从而增强了单位剪切面的抗剪能力。

包含长钩端钢纤维的混杂纤维对混凝土残余剪切强度产生与单一长钩端钢纤维混凝土类似的效果。L1.3S0.2、L0.75M0.75 和 L0.65M0.65S0.2 的残余剪切强度与 L1.5 相当。但 L1.3S0.2 除外，当剪切滑移量从 0.5 mm 增加到 1.0 mm 时，混凝土残余剪切强度显著降低。在峰后阶段，长钩端纤维依然能够桥接混凝土中的宏观裂纹，使得混凝土中剪切应力能够在剪切裂纹之间传递，降低裂纹尖端的应力集中程度，从而对宏观裂纹进行有效抑制。

剪切断裂韧性是评估钢纤维在剪切载荷下对混凝土吸能能力影响的重要参数[172-173]。剪切断裂韧性通过载荷-滑移曲线[图 3-9(a)]下方的面积来获得，利用式(3-3)进行积分。纤维混凝土峰值载荷（T_p）和 3.5 mm 剪切滑移（$T_{3.5}$）处的剪切韧性如图 3-9(b)所示。

$$T = \int_0^{\delta} P(\sigma)\mathrm{d}\sigma \tag{3-3}$$

式中，T 为剪切断裂韧性；$P(\sigma)$ 为剪切载荷，kN；δ 为峰值载荷点滑移量或 3.5 mm 滑移量，mm。

钢纤维，特别是钩端钢纤维的存在提高了混凝土的剪切断裂韧性。相比之下，素混凝土由于发生脆性破坏，在峰值载荷和峰值载荷之后都表现出最低的韧性。对于单一纤维混凝土，长钩端钢纤维混凝土（L1.5）具有最高的剪切断裂韧性，T_p 和 $T_{3.5}$ 分别达到 97.9 N·m 和 414.2 N·m。长钩端纤维在宏观裂纹桥接和剪切应力传递方面具有明显优势。混杂纤维混凝土的剪切断裂韧性随着混杂纤维体积分数的增加而增加。当混杂纤维的体积分数从 1.0％（M0.87S0.13）增加到 2.0％（M1.73S0.27）时，T_p 和 $T_{3.5}$ 分别从 56.1 N·m 和 374.1 N·m 增加到 123.5 N·m 和 518.3 N·m。具有相同体积分数但不同纤维组合的混杂纤维对混凝土剪切断裂韧性产生协同增强效应。例如，与 L1.5 相比，L0.65M0.65S0.2 和 L0.75M0.75 显示出更高的 T_p 和 $T_{3.5}$ 值。

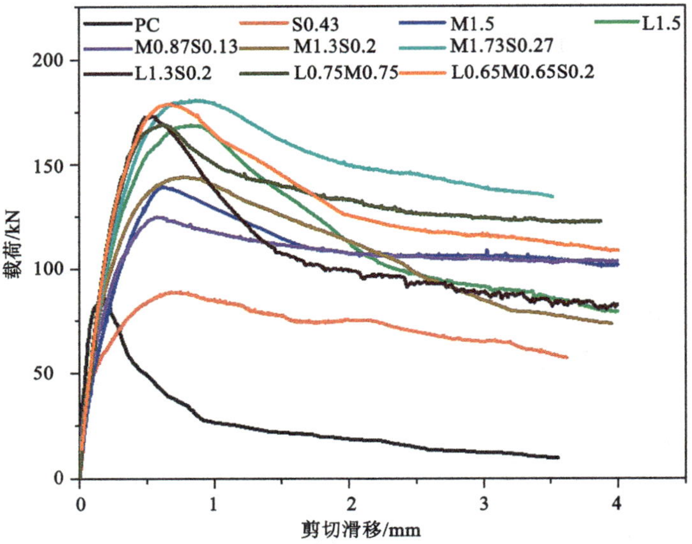

（a）

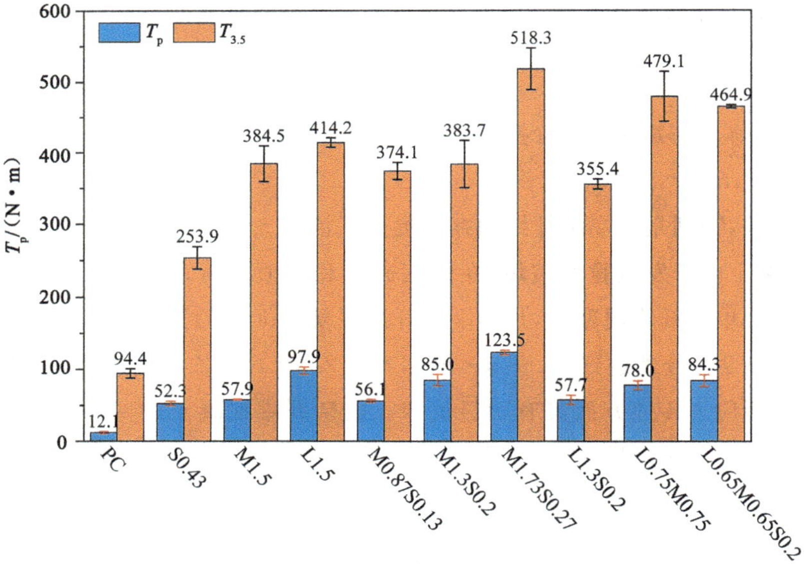

（b）

图 3-9　混凝土剪切断裂韧性

（3 个试样的平均值）

3.2 混杂纤维对混凝土剪切断裂过程的影响规律

3.2.1 混杂纤维混凝土剪切断裂过程特征

为简洁起见，本章仅详细分析 PC 和 M1.73S0.27 剪切断裂过程，以分析混杂纤维对混凝土剪切断裂过程的影响。本章主要利用 DIC 监测纤维混凝土剪切断裂过程，通过分析水平应变分量 ε_{xx}，获取纤维混凝土断裂过程中裂纹扩展形式[174-175]。

图 3-10 描绘了素混凝土 PC 的剪切应力-滑移曲线和不同加载水平的水平应变图。素混凝土剪切断裂过程包括四个阶段。

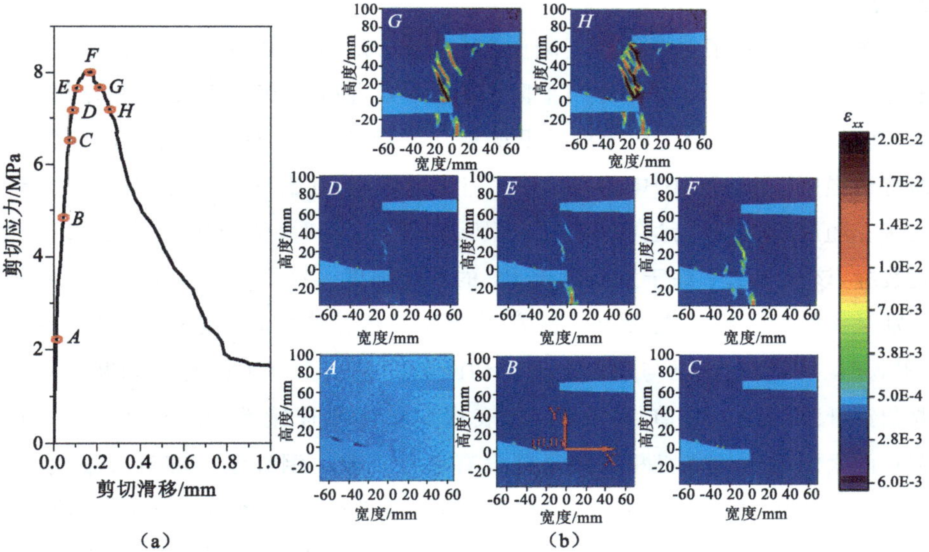

(a) (b)

图 3-10 PC 的断裂过程

第一阶段为微裂纹的形成和扩展，主要是从加载开始到 60% 剪切强度（*B* 点）。在此阶段，混凝土表面水平应变呈现均匀分布的特点。随着载荷水平的增加，微裂纹在混凝土原始微孔隙和界面过渡区附近萌发扩展。在该阶段，由于载荷水平较低和骨料约束作用，微裂纹并未发生明显扩展和聚合。当载荷增加到剪切强度的80%（C点）后，素混凝土进入第二阶段，混凝土中形成宏细观裂纹。在此阶段，在剪切面附近观察到水平应变集中，表明小范围区域结构损伤断裂已经形成。在此载荷水平下（剪切强度的80%），微裂纹的扩展贯通和融合引发了宏观裂纹的萌生。在表面应变云图中观察到混凝土表面出现水平应变集中并表现出非连续性[图3-10(b)中D点]。这种现象主要是混凝土中骨料的互锁作用对裂纹的扩展产生抑制，从而使宏观裂纹扩展方向发生改变（见图3-5）。当剪应力超过剪切强度的90%时，素混凝土进入裂缝快速扩展阶段，如图3-10(b)中E点和F点云图所示。这一阶段宏观裂纹的扩展、融合和贯通以较快速度进行。当剪应力达到峰值时，剪切断裂在整个剪切面区域发生。峰值应力后，素混凝土进入峰后不稳定阶段，如G点和H点云图所示。在此阶段，素混凝土内部损伤迅速积累，宏观裂纹快速扩展，最终导致峰后阶段混凝土剪切应力急剧下降。

图3-11显示了混杂纤维混凝土M1.73S0.27剪切断裂过程。混杂纤维混凝土剪切断裂过程同样包含四个阶段，但与素混凝土相比存在一些显著的差异。剪切断裂形成阶段从相对较低的剪切载荷开始。当剪切载荷达到约40%的剪切强度[图3-11(b)中的点B'云图]时，切口附近出现了小范围的应力集中区域。随后，剪切载荷达到60%的剪切强度（点D'）时，整个剪切面上出现了宏观裂缝，该载荷水平高于素混凝土PC的剪切强度。这主要是由于混杂钢纤维，特别是钩端钢纤维对混凝土内部宏观裂纹的桥接作用，抑制宏观裂纹的扩展（图3-6）。混杂钢纤维与素混凝土剪切断裂的一个主要不同是剪切断裂路径。混杂钢纤维混凝土的剪切断裂路径表现出更多不连续性（见点D'和E'的地图），而素混凝土的剪切断裂路径则没有这种现象。钢纤维能够对宏细观裂纹进行有效桥接，剪切应力能够通过钢纤维在宏细观裂纹两侧进行传递，降低宏细观裂纹尖端的应力集中程度，从而延缓混凝土中裂纹的扩展速度。混杂钢纤维混凝土的剪切断裂路径在达到峰值剪切应力之前在更广范围内扩展，如图3-11(b)中的点F'、G'和H'所示。更宽的断裂路径与混杂钢纤维的剪切应力传递能力有关。钢纤维，尤其是钩端钢纤维将剪切应力从裂纹尖端传递到裂纹两侧，减少了裂纹尖端的应力集中程度。另一方面，钢纤维与混凝土基质脱黏过程中额外消耗一定的能量，因此混杂钢纤维混凝土能在发生较大剪切滑移情况下依然能够保持较高的承载力。

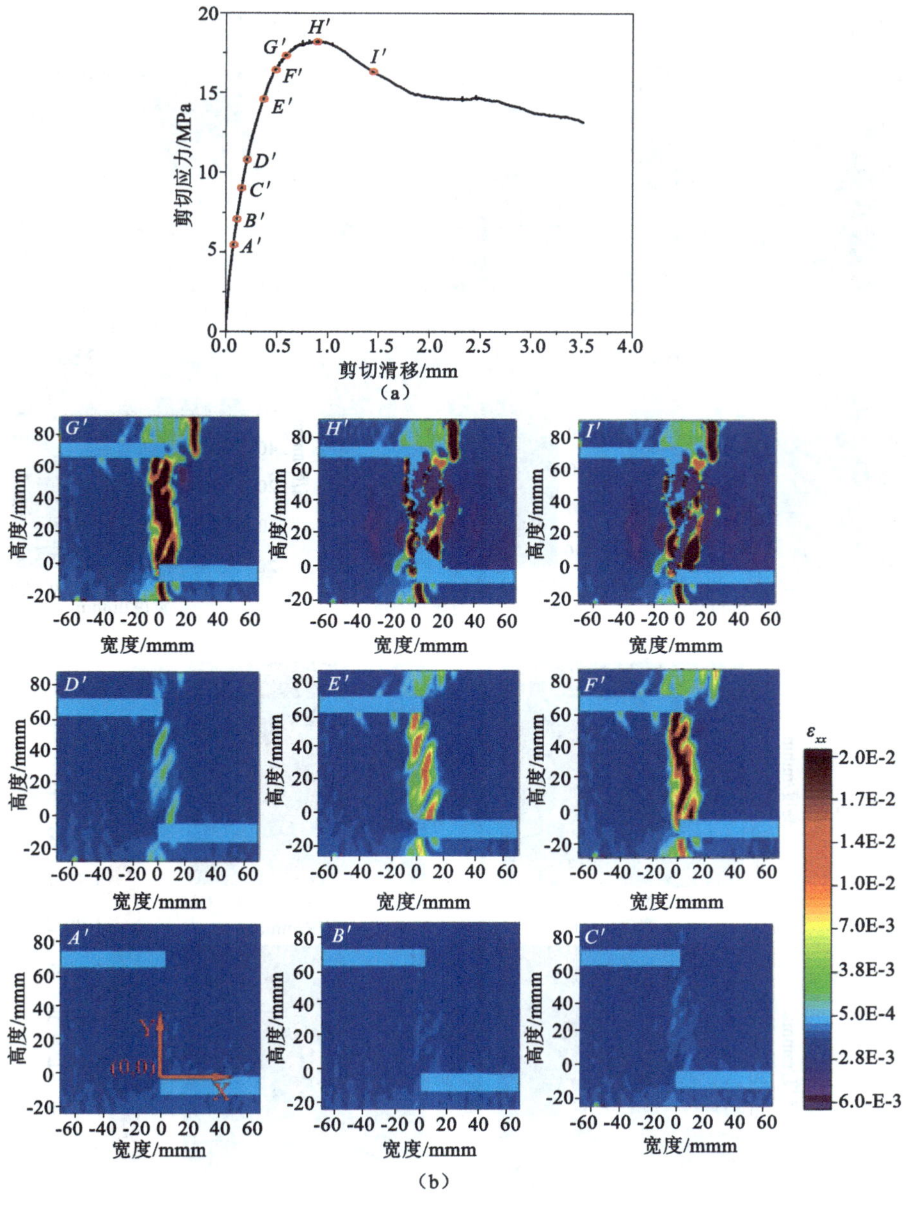

图 3-11　M1.73S0.27 剪切断裂过程

图 3-12 显示了纤维混凝土在峰值载荷下的断裂模式。钢纤维，特别是钩端钢纤维对混凝土剪切断裂模式有着显著的影响。对于素混凝土，混凝土剪切断

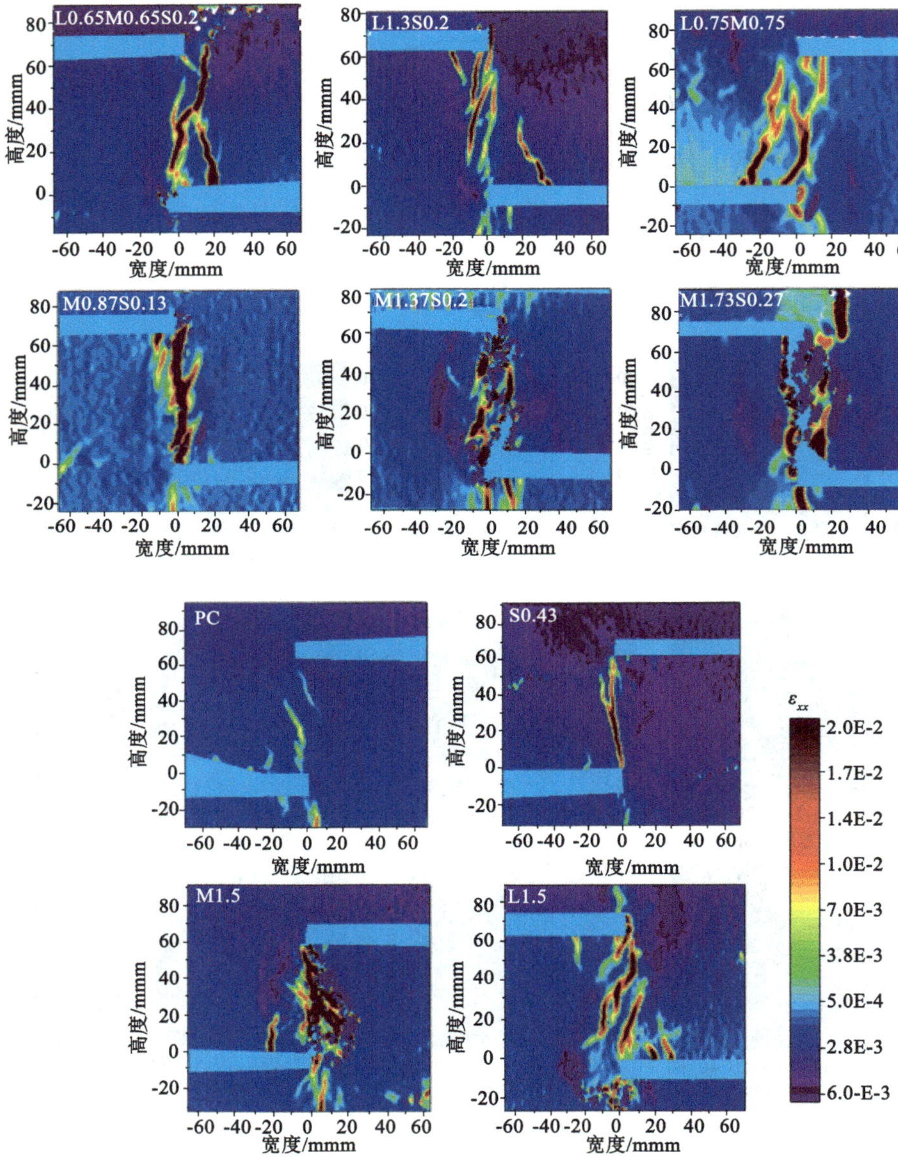

图 3-12 峰值载荷处水平应变分量 ε_{xx} 云图

裂面沿着预设剪切面进行扩展，未出现明显的分支裂纹且断裂路径未发生弯曲。对于单一纤维混凝土，短波浪形钢纤维对混凝土剪切断裂模式几乎不产生影响。钩端钢纤维的存在使得混凝土剪切断裂面上产生分支裂纹并且使裂纹横向扩展。这主要由于钩端钢纤维对混凝土裂纹有较好的桥接作用。混杂钢纤维体积分数的增加能够明显增加混凝土剪切断裂面内分支裂纹的数量和扩展宽度(图 3-12 中的 M0.87S0.13、M1.3S0.2 和 M1.73S0.27)。单位剪切面内纤维的数量随着混杂纤维体积分数的增加而增加。单位剪切面内纤维数量增加能够使剪切应力更加快速在剪切面两侧进行传递，从而使剪切裂纹尖端处的应力传递到剪切面以外的区域，降低剪切面区域的应力集中程度。同时，钢纤维的脱黏拔出过程消耗部分能量，提高了纤维混凝土的剪切断裂能，提高混凝土的剪切断裂韧性。包含长钩端钢纤维的混杂钢纤维混凝土的剪切断裂模式与单一钩端纤维混凝土的断裂模式相似。这主要是由于钩端钢纤维在抑制宏观裂纹扩展方面发挥主要作用。

3.2.2　混杂纤维混凝土剪切裂纹扩展区(FPZ)发展过程

为了定量分析混杂钢纤维对混凝土剪切断裂过程的影响，对裂纹扩展区(FPZ)发展过程及长度进行分析。FPZ 是裂纹无牵引区和裂纹扩展区尖端之间的区域。因此，FPZ 长度的准确性取决于 FPZ 尖端和裂纹无牵引位置确定的精确性。根据相关文献中对纤维混凝土在弯曲载荷下裂纹扩展区的研究，切口尖端可以作为纤维混凝土在弯曲载荷下裂纹扩展区的无牵引区位置[174,176-177]。本章中弯曲载荷作用下纤维混凝土裂纹扩展区无牵引点的位置以切口尖端为起始点。本章中剪切试样含有两个切口，裂纹扩展区分别以两个切口尖端作为无牵引区顶点，裂纹扩展区的长度为两个切口裂纹扩展区长度之和。关于裂纹扩展区裂纹尖端的确定，相关研究已经提出了一些方法，主要包含基于位移场和应变场的方法[177-179]。本章中混凝土剪切裂纹扩展区裂纹尖端采用广泛使用的水平位移跳跃法来确定。例如在图 3-10 和图 3-11 中，FPZ 区域出现和扩展过程中水平应变(位移)产生明显的变化。因此，裂纹扩展区的裂纹尖端可以通过分析水平位移第一次发生明显跳跃点来确定。为了获得研究区域(感兴趣区域 RoI)内各个位置的水平位移，在研究区域内沿着高度方向提取不同高度上的水平位移[图 3-13(a)]。素混凝土 PC 沿着高度方向的水平位移如图 3-13(b)所示。对于素混凝土 PC,在剪切载荷达到 90%剪切强度(图 3-10中 *D* 点),裂纹扩展区尖端在距离切口尖端 57.04 mm 处。本章分析的剪切应力裂纹扩展区仅限于峰值剪切载荷之前,峰后阶段裂纹扩展区已经在整个剪切面(两个切口之间的区域)内形成,无法对裂纹扩展区长度变化进行分析。

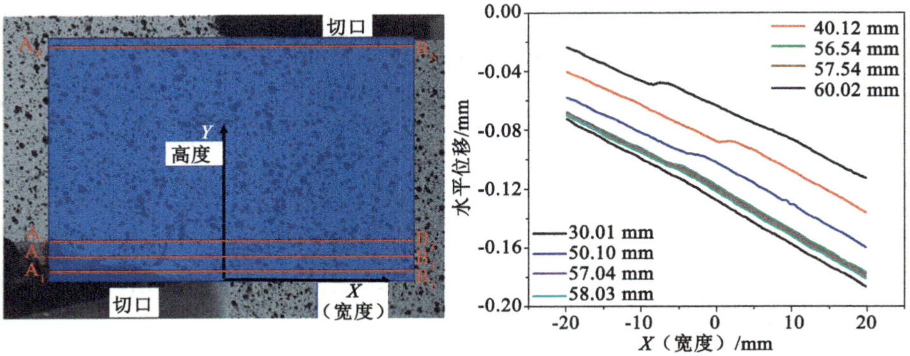

(a)试样RoI上的测线　　(b)90%峰值载荷下PC不同高度处的水平位移

图 3-13　试样 RoI 上的测线及 PC 不同高度处的水平位移

图 3-14 显示了峰值剪切应力之前不同混凝土 FPZ 长度变化。钢纤维的存在改变了混凝土在剪切载荷下裂纹扩展区的发展变化过程。对于单一钢纤维混凝土,钩端钢纤维在抑制裂纹扩展区增长方面具有明显优势[图 3-14(a)]。当剪切应力超过 6 MPa 时,S0.43、M1.5 和 L1.5 的 FPZ 长度小于相同载荷水平下的素混凝土(PC)裂纹扩展区的长度。这主要是钢纤维能够有效桥接宏细观裂纹,降低裂纹尖端的应力集中,从而延缓裂纹扩展区的扩展速度。对于不同类型的钢纤维,当剪切应力超过 7 MPa 时,钩端钢纤维(M1.5 和L1.5)比短波浪形钢纤维(S0.43)具有更好地的裂纹抑制效果。这与不同钢纤维与混凝土之间的黏结强度和宏观裂纹桥接能力的不同有关。钩端钢纤维在以上两方面比短波浪形钢纤维具有明显优势。短波浪形钢纤维混凝土(S0.43)裂纹扩展区在不同载荷下的长度与素混凝土 PC 相似,但在峰值载荷附近发生略微偏移。短波浪形钢纤维对宏观裂纹扩展没有明显的抑制作用,但是能够对微细观裂纹扩展融合进行有效抑制,从而延缓宏观裂纹的形成。

图 3-14(b)显示了纤维体积分数对混杂钢纤维混凝土 FPZ 的影响。混杂

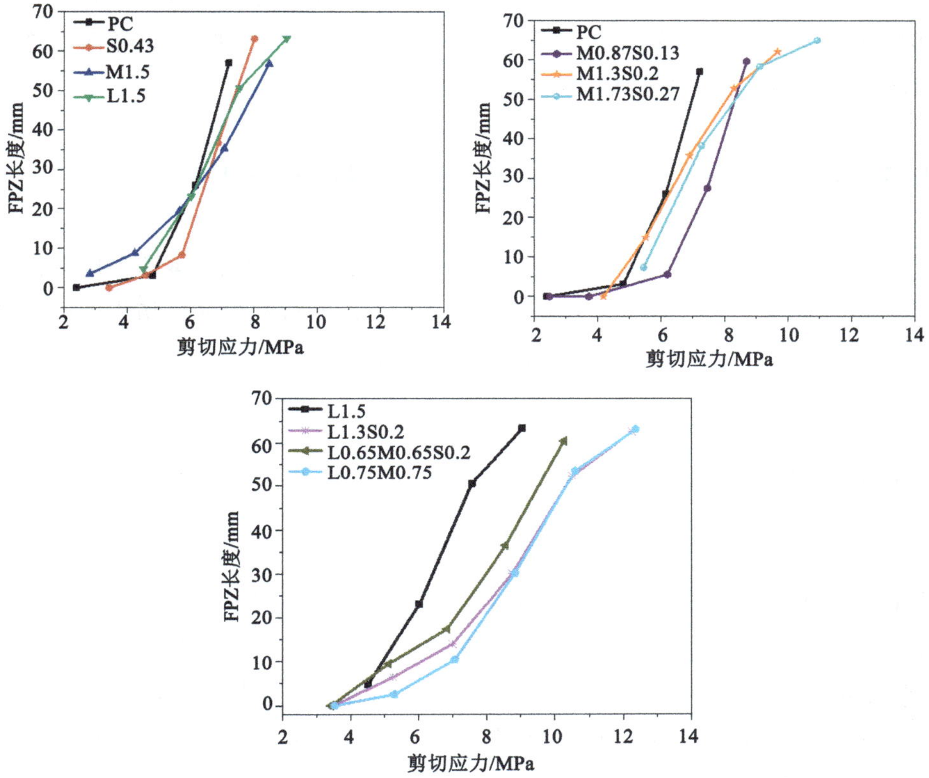

图 3-14　峰值载荷前 FPZ 长度与剪切应力的关系

钢纤维体积分数的增加改变了 FPZ 长度的发展趋势。当混杂钢纤维体积分数小于或等于 1.0%(PC 和 M0.87S0.13)时，在小于 5 MPa 的剪切应力下，FPZ 长度呈现逐渐增加的趋势；当剪切应力超过 5MPa 时，FPZ 长度会随着剪切应力的增加而显著升高。当体积分数超过 1.0%(M1.3S0.2 和 M1.73S0.27)时，FPZ 长度随剪切应力的增长呈线性增加。同时，随着单位剪切面钢纤维数量的增加，剪切应力传递和裂纹扩展抑制能力提高。但值得注意的是，在相同剪应力水平下，M1.3S0.2 和 M1.73S0.27 的 FPZ 长度大于 M0.87S0.13。这可能与较高纤维体积分数产生的微裂纹和孔隙增加有关。

混杂类型对 FPZ 扩展的影响如图 3-14(c)所示。对于整个峰前阶段，L1.3S0.2、L0.65M0.65S0.2 和 L0.75M0.75 的 FPZ 长度均小于 PC 的 FPZ 长

度。不同类型的钢纤维的混合能够对混凝土剪切破裂过程中的宏观裂纹和微观裂纹进行桥接，使得剪切应力通过钢纤维在裂纹之间传递，从而降低裂纹扩展区范围内的应力集中程度，延缓裂纹扩展过程。

3.3 混杂纤维混凝土剪切损伤破裂程度评估

为了定量分析不同钢纤维对混凝土损伤破裂过程的影响，本章采用损伤程度因子[180-181]来评估不同纤维混凝土在整个剪切破断过程中的损伤程度因子的发展变化。损伤程度因子(D_{df})由式(3-4)计算：

$$D_{df} = \frac{\varepsilon}{\varepsilon_{max}} \tag{3-4}$$

式中，ε_{max}是剪切载荷达到峰值载荷时 ε 的最大值。ε 由式(3-5)计算：

$$\varepsilon = \frac{1}{aN}\sum_{i=1}^{aN}(\varepsilon_{xi}) - \frac{1}{N}\sum_{i=1}^{N}(\varepsilon_{xi}) \tag{3-5}$$

式中，a 是 RoI 中水平应变值高于预定义阈值的点的数量与总点数(N)之间的比率；ε_{xi}是 RoI 中点 i 处的水平应变分量。根据以往通过 DIC 分析估计损伤程度因子的研究[181]，a 可以在 2.5%到 15%之间选择，本章中 a 设定为 10%。

图 3-15 显示了不同混凝土损伤程度因子的发展变化过程。单一钢纤维的存在改变了混凝土的剪切破断过程[图 3-15(a)]。与素混凝土 PC 相比，含有单一短波浪形钢纤维的混凝土(S0.43)的 D_{df}向着更高载荷方向偏移，这主要是由于短波浪形钢纤维能够抑制微裂纹的扩展。当宏观裂纹形成后，短波浪形钢纤维脱黏拉出，失去对微观裂纹的抑制作用。对于钩端钢纤维，当剪切应力低于70%剪切强度时，单一钩端钢纤维混凝土 D_{df}随着载荷的增加呈线性增长。当剪切载荷超过 70%剪切强度时，D_{df}以较低的速率增长直至达到峰值载荷，这种变化趋势与素混凝土峰值载荷附近的急剧增长明显不同[图 3-15(a)]。这主要是钩端钢纤维在峰值剪切载荷附近对宏观裂纹扩展产生了明显的抑制作用，从而延缓了峰值载荷附近裂纹扩展区的扩展。同时长钩端钢纤维比中钩端钢纤维对裂纹扩展产生更有效的抑制作用，从而使得 L1.5 的 D_{df}曲线向高载荷方向偏移。

图 3-15(b)显示了混杂纤维的体积分数对 D_{df}发展过程的影响。随着纤维体积分数的增加，D_{df}曲线向更高剪切应力方向偏移。当体积分数从 0.0%(PC)

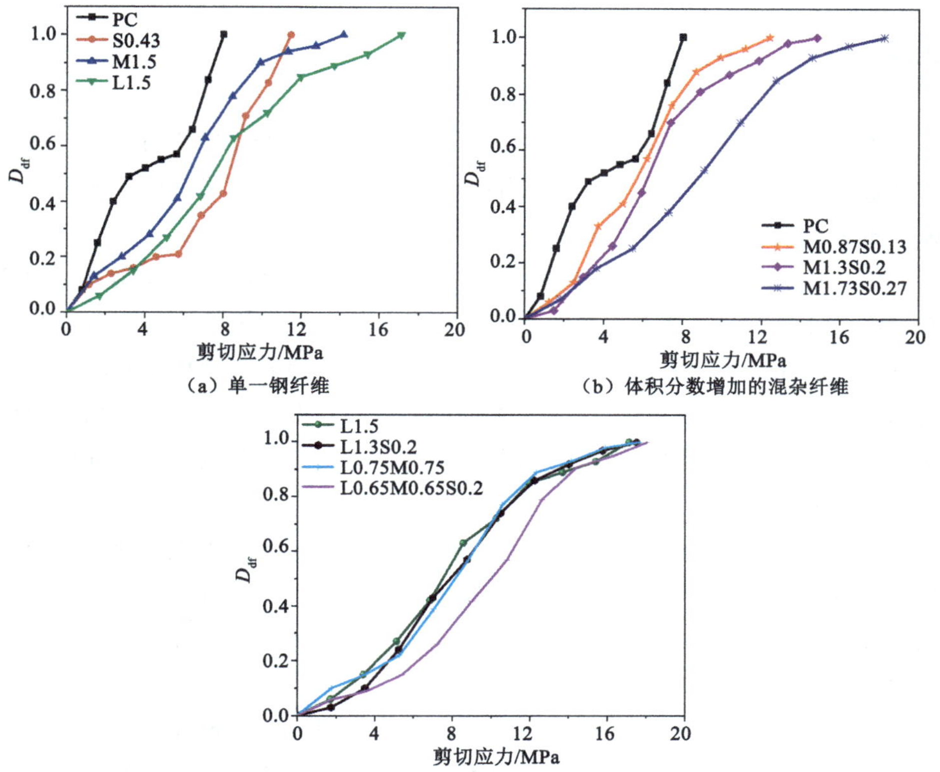

（a）单一钢纤维　（b）体积分数增加的混杂纤维

（c）不同组合的混杂纤维

图 3-15　不同混凝土损伤因子（D_{df}）-剪切应力曲线

增加到 1.0%（M0.87S0.13）和 1.5%（M1.3S0.2），混杂钢纤维混凝土损伤程度因子略有下降且在峰值剪应力附近出现平缓增加。当混杂纤维体积分数从 1.5% 增加到 2.0%（M1.73S0.27），D_{df}显著降低。如前所述，其主要原因是单位剪切面上钢纤维数量增加，增强了对剪切面裂纹的桥接效果。

混杂钢纤维组合形式对 D_{df}演化的影响如图 3-15(c)所示。除 L0.65M0.65S0.2 外，不同纤维组合对 D_{df}的发展产生明显的协同效应。L1.3S0.2 和 L0.75M0.75 的曲线形状与 L1.5 相似，表明长钩端钢纤维对宏观裂纹桥接的主导优势。相同载荷水平下混杂钢纤维 L0.65M0.65S0.2 较低的 D_{df}值表明三种钢纤维的混合在抑制剪切裂纹方面产生了较强的协同效应。

3.4 小　　结

本章通过对十种混凝土开展 Z 剪切试验，分析了混杂钢纤维对混凝土剪切力学性能和断裂过程的影响，探究了混杂纤维对混凝土剪切力学响应的影响机制。根据测试结果和相关分析，可以得出以下结论：

(1) 钢纤维提高了混凝土的剪切力学性能。长钩端钢纤维比其他单一钢纤维能够更好地提升混凝土的剪切强度和断裂韧性。混杂钢纤维体积分数与抗剪强度之间存在线性函数关系。残余剪切强度和剪切断裂韧性随着纤维体积分数的增加而增加，特别是当纤维体积分数从 1.5%增加到 2.0%时，增强效应更加显著。包含长钩端钢纤维的混杂钢纤维在剪切强度和残余剪切强度上产生了更好的协同效应。

(2) 单一钢纤维和混杂钢纤维混凝土的剪切断裂过程可分为微裂纹扩展阶段、断裂形成阶段、断裂快速扩展阶段和峰后扩展阶段四个阶段。钩端钢纤维的添加使混凝土剪切断裂面上产生分支裂纹，降低峰值载荷前后裂纹扩展速率，将剪切应力传递到远离剪切面的区域。

(3) 钢纤维改变了混凝土 FPZ 长度的发展趋势。钩端钢纤维能更有效抑制 FPZ 的扩展。FPZ 的长度与纤维体积分数呈线性关系。不同钢纤维混合对抑制 FPZ 扩展产生协同作用。

(4) 采用损伤程度因子量化混杂钢纤维混凝土剪切损伤。长钩端钢纤维比其他钢纤维具有更好地降低混凝土剪切损伤的能力。当混杂钢纤维体积分数增加时，混凝土损伤程度因子减小。三种钢纤维的混杂能够有效降低混凝土剪切损伤程度因子，表明其在延缓微观和宏观裂纹扩展方面具有更好的协同效应。

第 4 章　混杂纤维混凝土弯曲性能强化机制研究

纤维增强混凝土，特别是混杂纤维混凝土的研究为纤维混凝土广泛的工程应用提供了宝贵的理论基础和技术指导。然而纤维混凝土弯曲断裂过程中裂纹的扩展演化过程仍然需要更加深入的研究。混凝土在弯曲载荷下的损伤断裂过程分析对混凝土结构长期耐久性研究和混杂纤维对混凝土弯曲性能协同强化机制研究具有重要的意义。同时纤维混凝土弯曲断裂过程中裂纹扩展区扩展使得混凝土断裂表现出明显的非线性特征[20-21,182-183]，传统的线弹性力学不能适用于纤维混凝土结构。钢纤维对宏细观裂纹的桥接作用对混凝土弯曲裂纹扩展产生显著影响。因此，对纤维混凝土弯曲断裂过程 FPZ 发展过程进行研究对混凝土结构损伤断裂预测有着至关重要的作用。

此外，纤维混凝土结构数值模拟分析需要更加准确的 FPZ 特征描述。与素混凝土相比，混杂纤维混凝土 FPZ 的研究相对较少。混杂纤维（例如体积分数和纤维组合）对 FPZ 扩展的影响尚不清楚。到目前为止，只有少数研究[180,184]对纤维混凝土弯曲断裂过程中损伤程度进行了研究。因此，进一步地研究纤维混凝土弯曲断裂过程可以深入了解混杂纤维混凝土的断裂机制。为了分析钢纤维混凝土在弯曲载荷下的损伤断裂过程和定量化分析不同阶段的损伤程度，需要对弯曲断裂区域进行准确的位移或应变监测。混凝土断裂过程监测常用方法有应变片法和线性可变差分传感器（LVDT）法等。这些传统方法需要将应变片或传感器放置在试样表面的固定位置，因此只能对固定位置的位移或应变进行监测，不能实现全区域连续性监测。近几十年来，数字图像相关技术（DIC）在材料试验力学中得到了广泛的应用[7,180,184-187]。对于岩石、混凝土和陶瓷等准脆性材料，DIC 方法可以提供高精度的表面位移和应变测量，可用于裂纹监测和裂纹扩展分析。近年来，通过使用高分辨率数码相机和增强的图像相关算法，DIC 的准确性得到了显著的提高[186-187]。

本章中使用 DIC 来分析混杂纤维混凝土弯曲断裂过程中 FPZ 和损伤程度。对含有切口的长方体混凝土梁开展三点弯曲试验，分析三种不同钢纤维的体积分数（从 0.0%到 2.0%）和混杂形式对 FPZ 扩展和损伤程度的影响，探究混杂纤维对混凝土弯曲性能的强化作用机制。

4.1 混杂纤维混凝土弯曲力学性能分析

4.1.1 混杂纤维混凝土弯曲力学特性测试方法

对第二章中 28 d 龄期不同混凝土开展 Ⅰ 型断裂测试。根据测试标准 EN 14651:2005+A1:2007，开展三点弯曲试验。试样为长×宽×高=600 mm×150 mm×150 mm 的长方体试件。在试样中下部切割深度×宽度=25 mm×5 mm的切口。三点弯曲试样支撑距离为 500 mm，试件的尺寸如图 4-1 所示。三点弯曲试验是通过带有 300 kN 压力传感器的万能试验机进行测试的（见图 4-2）。试验加载采用位移控制方法进行，以切口张开位移（CMOD）为控制依据。在 CMOD 达到 0.1 mm 之前，CMOD 张开速度设置为 0.05 mm/min，之后增加到 0.2 mm/min。对于每种混凝土，重复进行三次弯曲试验。

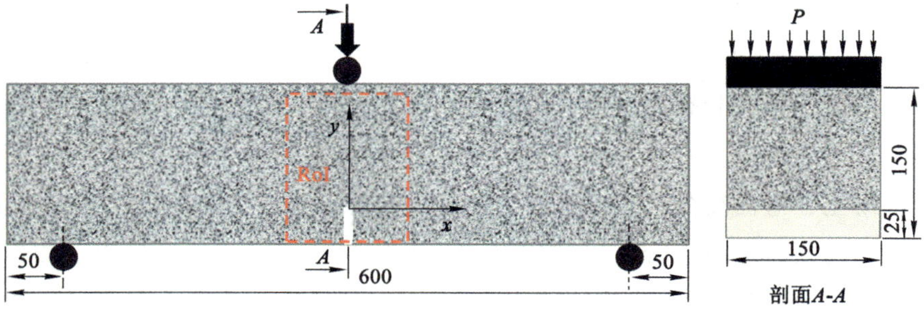

图 4-1　试样几何形状及尺寸/mm

试验过程中采用数字图像相关技术来监测断裂过程并评估损伤程度。试验中采用数码相机(尼康 D800)对三点弯曲试验过程中的试样进行拍照,该相机配备焦距为 24～85 mm 的可调节镜头,距离试样表面约 30 cm。相机以 1 Hz 的频率采集分析区域(RoI)图像,分辨率为 5 520×3 680 像素,比例因子为 5.78 μm/像素。为了对分析区域位移进行更加准确的监测,需要采用黑色哑光漆在试样表面喷涂散斑点(图 4-3),测试过程中借助高亮灯增加试样表面亮度,测试设备如图 4-2 所示。借助软件 Ncorr[186] 对试验过程中的图像进行处理,获取试验过程中分析区域位移场和应变场。图像处理的基本参数如下:子集大小 50 像素,步长大小 5 像素。

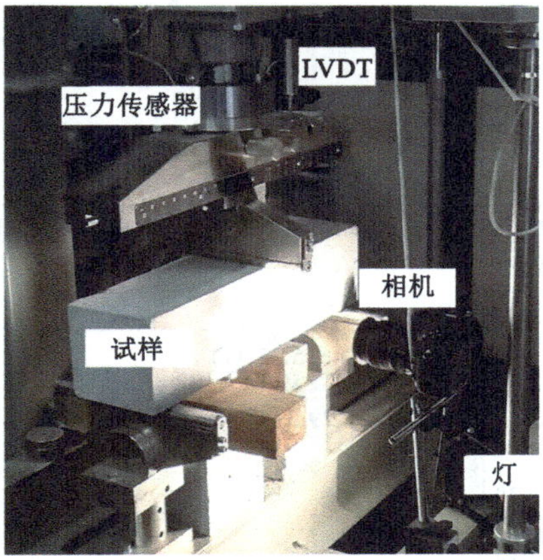

图 4-2　试验设备

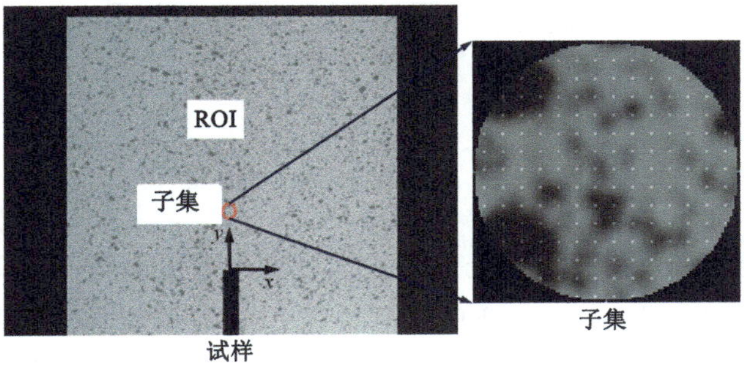

图 4-3　DIC 分析的感兴趣区域(ROI)

4.1.2 混杂纤维混凝土弯曲力学性能

图 4-4 显示了不同混凝土的弯曲性能，每条曲线是 3 个试样的平均载荷-CMOD 曲线。每条曲线上都标出了最大载荷。

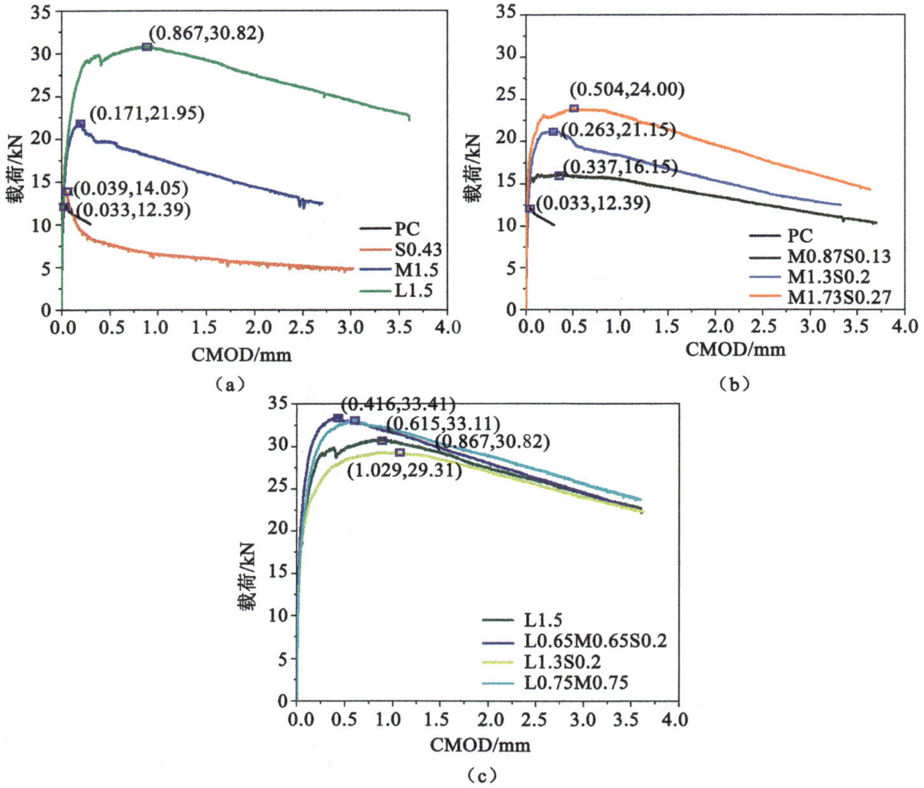

图 4-4　弯曲载荷-CMOD 曲线

钢纤维能够有效提升混凝土弯曲力学性能并改变载荷-CMOD 曲线形状。对于素混凝土 PC[图 4-4(a)]，弯曲载荷随着 CMOD 的增加呈现明显的线性增长。峰值载荷之后，弯曲载荷急剧下降，试样出现明显的脆性断裂。对于单一钢纤维混凝土，除了 S0.43，曲线在峰值载荷之前出现明显的非线性增长。同时，在弯曲载荷超过初始裂纹强度时，曲线表现出伪应变硬化现象。这主要是由于钩端钢纤维桥接裂纹和垮裂纹应力传递有关。峰值点之后，钢纤维混凝土表现出应变软化行为，随着 CMOD 的增加，弯曲载荷缓慢下降。峰值载荷后，宏观裂纹扩展速度加快，但是钩端钢纤维并未完全被拉出，大多数钩端钢纤维依旧能桥接宏观裂纹，在裂纹两端传递应力，从而使混凝土在峰后依然能够保持一定的弯曲载荷而不发生整体性破裂。

对于单一钢纤维混凝土，长钩端钢纤维对混凝土弯曲强度和残余弯曲强度有更加显著的增强效果[图 4-4(a)]。包含中钩端钢纤维和短波浪形钢纤维的混杂钢纤维在添加体积分数较高时(2.0%)对混凝土弯曲性能有较大的增强作用[图 4-4(b)]。对于体积分数相同但组合形式不同的混杂钢纤维混凝土，包含长钩端钢纤维的混杂纤维混凝土的弯曲性能与单一长钩端钢纤维混凝土 L1.5 相似。这表明长钩端钢纤维在限制裂纹扩展方面发挥主导作用[图 4-4(c)]。

4.2　混杂纤维混凝土弯曲断裂过程分析

4.2.1　混杂纤维混凝土弯曲断裂特征

为了清楚和简洁起见，仅详细描述 PC 和 M1.3S0.2 的弯曲断裂过程，从而明确混杂钢纤维对混凝土弯曲断裂过程的影响(图 4-5 和图 4-6)。根据 DIC 结果的对比分析，试样表面的水平应变分量 ε_{xx} 能够有效地对弯曲断裂特征进行识别。

图 4-5 显示了素混凝土弯曲断裂过程中弯曲载荷-CMOD 曲线和不同载荷水平下的水平应变分量 ε_{xx} 云图。素混凝土 PC 弯曲断裂过程可分为四个阶段。第一阶段为微裂纹扩展阶段。在这个阶段，如 A 点(峰值载荷的 30%)、B 点(峰值载荷的 60%)和 C 点(峰值载荷的 80%)，水平应变 ε_{xx} 呈现均匀分布，没有明显的集中区域。但是试样中的微裂纹可能产生于微孔隙和界面过渡区。在该阶段，混凝土中微缺陷区域产生应力集中，导致微裂纹的形成。由于该阶段弯曲载荷水平较低，微裂纹的扩展缺乏所需的驱动力。同时骨料的抑制作用限制了微裂纹的扩展融合。因此，该阶段微裂纹虽然在混凝土内部形成但并未产生迅速扩展融合。

随着载荷的增加，混凝土试样进入断裂形成阶段。当弯曲载荷达到 90% 峰值载荷(D 点)时，切口上方小范围区域出现明显的水平应变集中区域。这一水

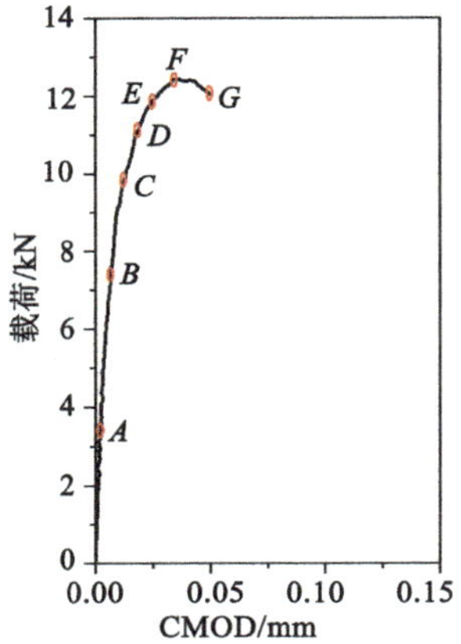

（a）代表性载荷与CMOD图

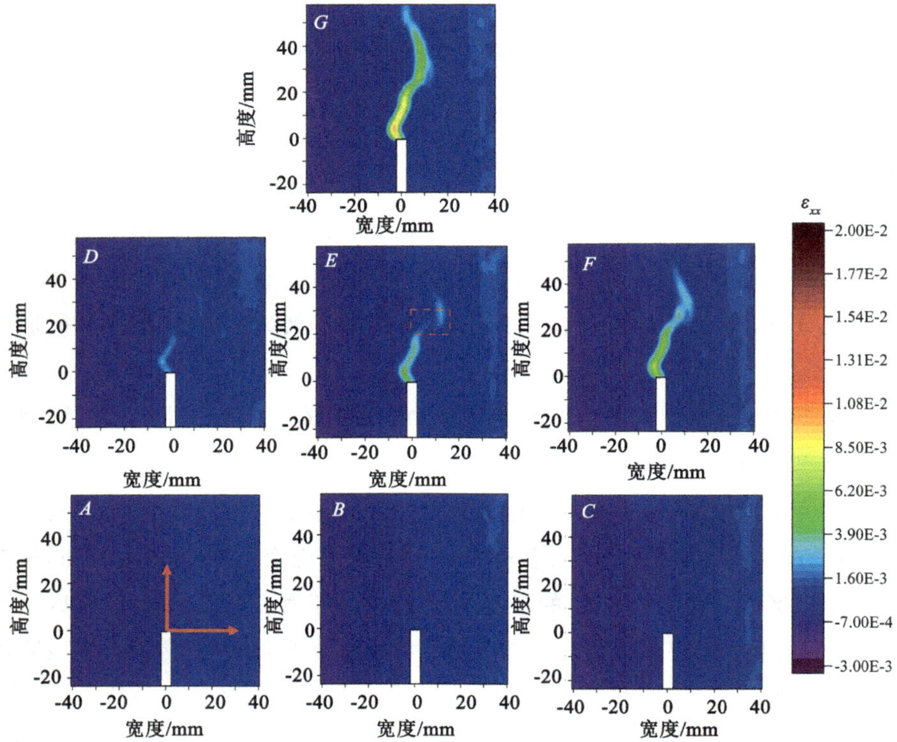

（b）不同载荷水平下水平应变分量 ε_{xx} 云图

图 4-5　PC 的断裂过程

平应变集中区域的出现标志着混凝土中裂纹的形成。在该阶段，随着载荷的增加，切口尖端处的应力集中程度不断增加。当应力集中程度超过切口尖端混凝土可以承受弯曲应力水平，混凝土微裂纹的扩展和融合过程被激活。随着微裂纹的融合，宏观裂纹在混凝土切口尖端位置形成。当弯曲载荷超过 90%峰值载荷时，混凝土试样进入裂纹快速扩展阶段(图 4-5 的 E 点，峰值载荷的 95%)。当载荷达到峰值载荷(F 点)时，裂纹急速扩展并迅速达到试样上边界。需要注意的，在 E 点出现了一个水平应变不连续区域(图 4-5 中的虚线部分)。这主要是骨料对裂纹的抑制作用导致的，当裂纹扩展至骨料附近时，裂纹扩展路径被阻断，裂纹将寻找其他结构弱点进行裂纹扩展。峰值载荷后，试样进入不稳定的峰值后阶段，如 G 点所示。峰后阶段混凝土损伤迅速累积，宏观裂纹迅速扩展，最终导致试件发生脆性破坏。

图 4-6 所示为混杂纤维混凝土 M1.3S0.2 弯曲断裂过程。断裂过程可分为四个阶段。但与 PC 相比存在显著差异。断裂形成阶段从较低的载荷水平开始。当弯曲载荷达到 60% 峰值载荷时(B'点)，试样表面水平应变出现应变集中区域。随着弯曲载荷的增加，弯曲断裂裂纹传递至研究区域(RoI)中部区域(C')，但此弯曲载荷与 PC 弯曲强度相比要高。这主要是因为钢纤维的存在对混凝土裂纹扩展产生抑制作用，延缓了裂纹的形成和扩展。另一个区别是峰后阶段。峰值载荷后，当应力降低到 F'点(90%峰值载荷)时，主裂纹顶部出现一个分支裂纹。随着 CMOD 的增加，当弯曲载荷降低到峰值载荷的 80%(G'点)和 70%(H'点)时，在主裂纹底部出现另一个分支裂纹，如图 4-6(b)所示。混杂纤维混凝土中分支裂纹的产生主要是钢纤维对宏细观裂纹的桥接作用。钢纤维，特别是钩端钢纤维可以桥接宏细观裂纹，从而能够在裂纹两侧传递应力。因此，与素混凝土相比，混杂纤维混凝土裂纹尖端的应力集中程度降低，裂纹扩展速度降低。但在整个加载过程中，外部输入能量不断增加，需要从另一个结构弱点进行裂纹扩展来消耗输入的能量，从而在混凝土主裂纹附近产生分支裂纹。钢纤维的桥接作用使混凝土在产生较多的宏观裂纹的状态下依然能够保持较高的弯曲载荷能力而不发生整体性破裂。

素混凝土和混杂钢纤维混凝土断裂过程的差异可以用能量驱动理论[180]来解释，如图 4-7 的定性能量变化曲线所示。在加载过程中，一部分输入能量积聚在混凝土中转变为混凝土试样的弹性能。其他剩余的输入能量以塑性变形、混

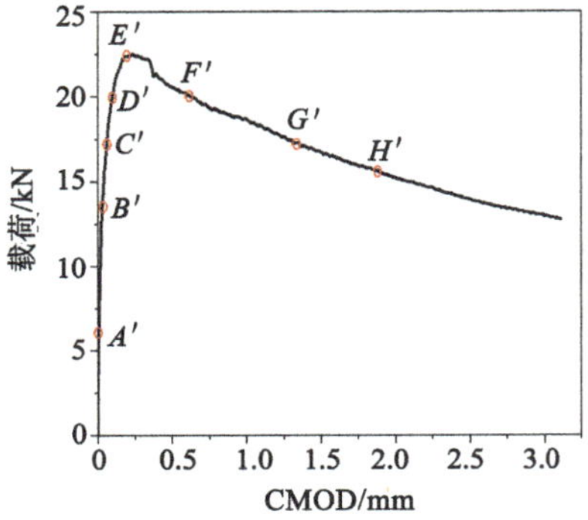

（a）

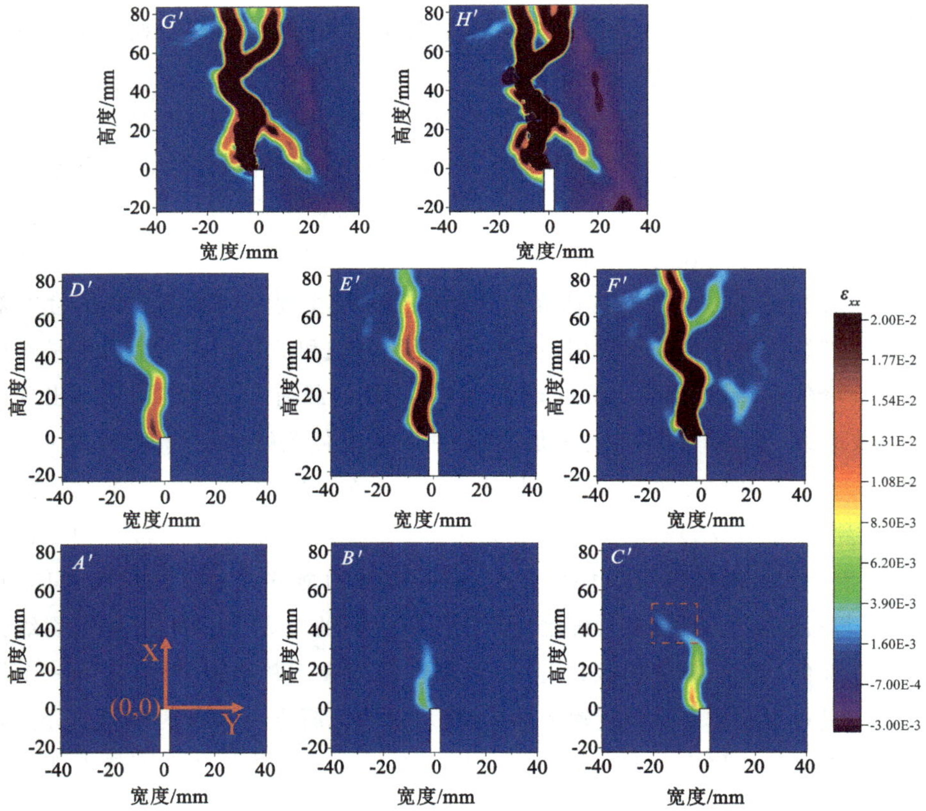

（b）

图 4-6　混杂纤维混凝土 M1.3S0.2 弯曲断裂过程

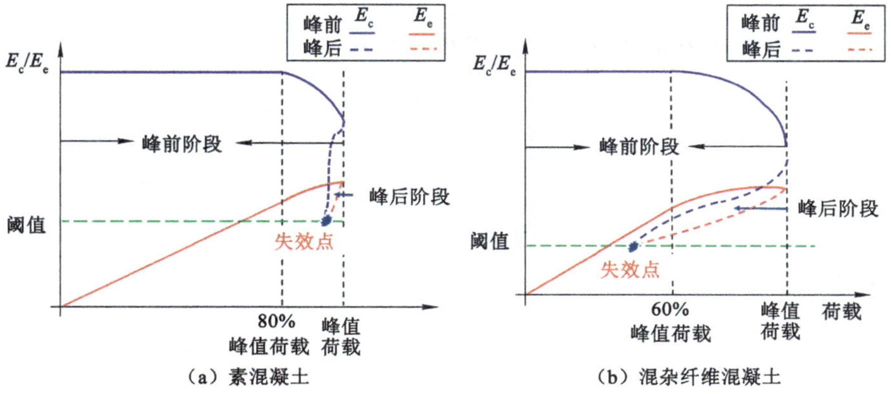

图 4-7　混凝土弯曲断裂能量转换示意图

凝土损伤破裂和摩擦等形式耗散。随着损伤的累积，混凝土中吸收存储能量的能力(E_c)不断降低。当累积弹性能(E_e)等于混凝土储能能力时，混凝土试样就出现破坏。

图 4-7(a)展示了 PC 在加载过程中的能量转变过程。对于素混凝土，在 80%峰值载荷之前，大部分输入能量转化为弹性能 E_e，混凝土内部未发生明显的损伤。如图 4-5 所示，在 80%峰值载荷之前混凝土表面水平应变未出现应变集中(点 A、B 和 C)，这表明在 80%峰值载荷之前未出现“塑性”变形或宏观裂纹。随着载荷的增加，混凝土中微细观裂纹开始萌发扩展，宏观裂纹随着微细观损伤累积而产生，混凝土试样进入不稳定状态。在此阶段，混凝土内部积聚的弹性能转变为裂纹扩展的耗散能，导致混凝土在峰值应力区域附近弹性能迅速下降。同时随着混凝土中裂纹的扩展，混凝土的能量储存能力急剧下降。当混凝土中累积弹性能与混凝土能量储存能量相当时，混凝土发生破裂。

混杂纤维混凝土的能量转变过程如图 4-7(b)所示。与 PC 相比，E_c 在较低的载荷水平下开始下降，但下降速度较慢。当载荷超过 60%峰值载荷时，混凝土试样表面产生应变集中，混凝土内部结构产生损伤，能量储存能力 E_c 降。混杂钢纤维的存在改变了混凝土能量转变过程。一方面，钢纤维的存在增加了混凝土的微孔隙和结构弱面的数量，从而导致混凝土在受载初期更加容易形成微裂纹[188]。另一方面，混杂纤维桥接裂缝并抑制其扩展，从而减缓了 E_c 的下降速度，而混杂纤维与混凝土基体之间的脱黏和摩擦消耗了输入能量，减少了弹性能的累积速度。混杂钢纤维混凝土在峰后阶段 E_c 和 E_e 随着载荷的减小而缓慢降低，混凝土发生整体破断时 CMOD 位移较大且弯曲载荷已降低至较低水平。这主要是混杂钢纤维对混凝土裂纹的桥接作用，减缓了混凝土宏观裂纹的扩展。因此，混杂纤维混凝土在峰后阶段仍具有较高的 E_c，大部分输入能量通过裂纹扩展、纤维的脱黏以及纤维与混凝土之间的摩擦而耗散，从而导致 E_c 和 E_e 以较慢的速度下降。这也是混杂钢纤维混凝土具有较高残余弯曲强度的主要原因。

4.2.2 混杂纤维对混凝土裂纹扩展区(FPZ)扩展影响规律

(1) FPZ 尖端的确定

断裂过程区(FPZ)是无牵引尖端和 FPZ 尖端之间的区域[183,189]。采用合适的方法确定无牵引尖端和 FPZ 尖端位置，才能确保 FPZ 长度测量的准确性。在本章中，仅研究峰值载荷之前 FPZ 长度的发展变化，因为 90%峰值弯曲载荷后 FPZ 尖端超出了监测区域。根据相关研究[176,190]，切口尖端可以作为峰值载荷之前的无牵引尖端。对于 FPZ 尖端，常用的方法有应变或位移场方法。

第一种方法基于合并的水平位移分量轮廓[176,178,191]。根据该方法，FPZ 尖端位于水平位移等值线的交点处。该种方法是确定 FPZ 尖端的一种相对简单便捷的方法，无须对应变或位移进行处理。然而，该方法确定 FPZ 尖端的准确性较低。因为该种方法的准确性取决于水平位移等值线融合点位置的确定，在实际的确定过程中往往是研究人员通过目测选取，容易受到研究人员研究经验的影响。同时，水平位移等值线的密度变化也对融合点位置的确定产生较大影响。

另一种方法是水平位移跳跃法，该方法是 FPZ 尖端确定中使用较为广泛的一种方法。该方法是基于裂纹扩展区形成和发展过程中引起水平位移的突变。根据同一高度上水平位移是否发生跳跃性突变来确定 FPZ 尖端的位置。为了确定不同高度上是否存在水平位移突变，在研究区域(RoI)以切口尖端为初始位置，沿着 RoI 高度方向设置一系列水平位移测线(图 4-8)。对每条测线上的水平位移进行提取，将所有测线绘制在一张图表中，从而根据每条测线上水平位移的跳跃程度确定 FPZ 尖端的具体位置。图 4-9 显示了 M1.3S0.2 在 90%峰值载荷时不同测线上的水平位移变化情况，根据不同测线的水平位移是否存

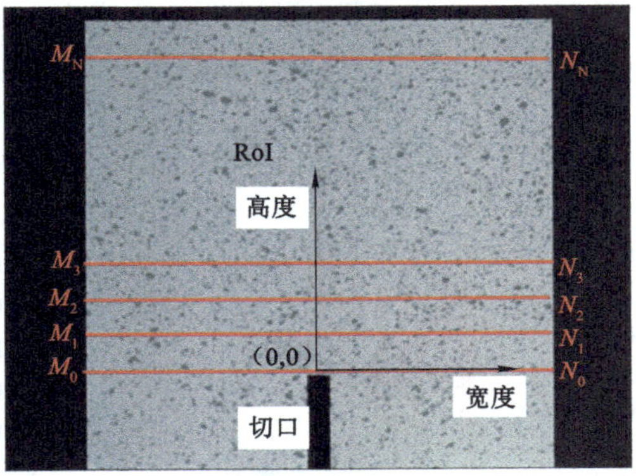

图 4-8　试样 RoI 上的水平位移测量线

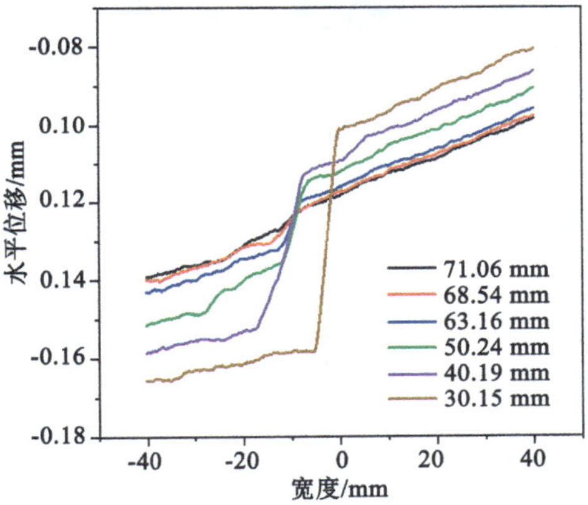

图 4-9　90%峰值载荷下 M1.3S0.2 不同高度处的水平位移

在不连续的跳跃点，确定 FPZ 尖端位于 71.06 mm 的高度。

水平应变分量 ε_{xx}（参见图 4-3 中的参考系）也可以用于确定 FPZ 尖端位置。采用该种方法时需要根据试样和材料的相关特点，选择一个水平应变值作为 FPZ 尖端确定的阈值[134,182,192]。水平应变 ε_{xx} 超过阈值的区域视为裂纹扩展区。FPZ 尖端位于应变值与阈值相等的位置。该方法的准确性取决于阈值与试样材料的匹配性。然而，现有研究在阈值选取上缺乏完善的理论指导，导致实际应用中往往是研究人员根据自身经验选取相关的阈值。因此该种方法的准确性和适用性受到限制。图 4-10 显示了 M1.3S0.2 的水平应变分量 ε_{xx} 的

3D 图。此外，由于混凝土的非均匀性，相同材料的样本的阈值可能有很大不同，因此该方法应用于混凝土 FPZ 尖端确定时存在一定的难度。

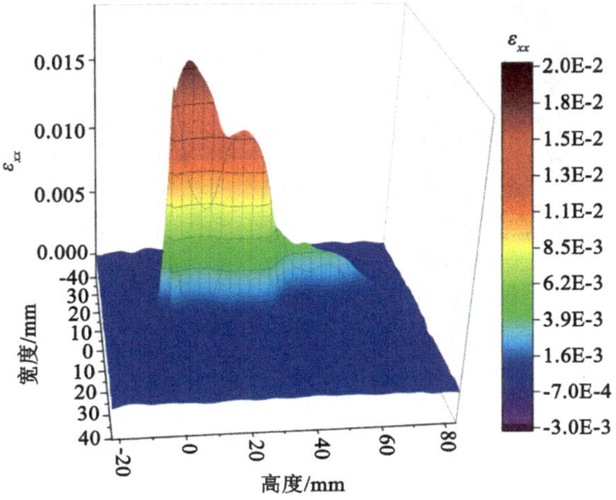

图 4-10　M1.3S0.2 在 90% 峰值弯曲应力点处的水平应变分量 ε_{xx} 3D 图

受水平应变分量阈值法的启发，提出了标准差法来确定 FPZ 尖端的位置。如图 4-10 所示，裂纹扩展区水平应变与其他区域的应变量存在明显的区别。如果对研究区域水平应变的变化情况进行定量分析，则可以根据水平应变的变化情况确定 FPZ 尖端的位置。本方法采用水平应变的标准差对其变化进行定量分析。标准偏差法是在考虑图 4-10 中所示的水平应变分量 ε_{xx} 的基础上进行评估的，并以图 4-11 的形式展现分析结果。较大的标准差表示所在测线处于裂纹扩展区内部，而接近于零的标准差表示测线所在区域不存在裂纹。在图 4-11 中可以观察到在一些区域标准差的值非常小而且处于波动状态，但是不等于零，这可能是由 DIC 测量误差引起的。为了消除上述因素产生的误差的影响，设置一个阈值(图 4-11 中红色虚线)等于波动的水平应变的最大值。FPZ 尖端位于阈值线和标准偏差曲线的交点处，如图 4-11 所示。对于 90% 峰值载荷的 M1.3S0.2，FPZ 尖端位于切口尖端上方 70.52 mm，通过水平位移跳跃法测定的 FPZ 尖端接近 71.06 mm。因此，本章采用水平位移和应变标准差法来确定 FPZ 尖端位置。

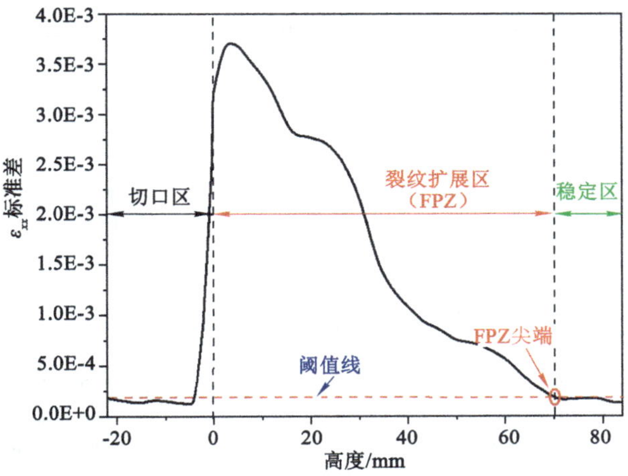

图 4-11　M1.3S0.2 在 90%峰值弯曲应力点的水平应变分量 ε_{xx} 的标准差曲线

（2）不同混杂纤维混凝土 FPZ 长度

图 4-12 显示了峰值载荷之前不同混凝土 FPZ 长度变化。单一钢纤维提高了混凝土抵抗 FPZ 扩展的能力，特别是对高载荷水平下裂纹扩展区产生明显的抑制。当载荷大于 12 kN 时，相同载荷下，S0.43、M1.5 和 L1.5 的 FPZ 长度小于 PC。对于 PC，当载荷超过 10 kN（峰值载荷的 80%）时，FPZ 长度急剧增加。对于单一钢纤维混凝土，FPZ 长度和载荷呈线性关系，在峰值载荷附近增长速率下降。这表明单一纤维能够有效提升混凝土的断裂韧性。在相同载荷水平下，L1.5 的 FPZ 长度小于 M1.5，表明较大长度的钩端钢纤维对裂纹扩展区发展产生更强的抑制作用。长钩端钢纤维与混凝土基质之间接触表面较大，能够产生较大的黏结力和滑移抵抗能力。对于短波浪形钢纤维试样 S0.43，FPZ 长度-弯曲载荷曲线与 PC 相似，但曲线整体向高载荷方向偏移。短波浪形钢纤维对混凝土断裂模式不产生明显影响，但可以抑制微裂纹的萌发和扩展，延缓宏细观裂纹的形成。值得注意的是，S0.43 中纤维的体积分数仅为 0.43%，低于 L1.5 和 M1.5 中的 1.5%。因此，短波浪形钢纤维含量对混凝土弯曲裂纹扩展区的影响需要更加深入的研究。图 4-12(a)表明，在初始载荷阶段，单一纤维增强混凝土的 FPZ 长度大于 PC 的 FPZ 长度。如前所述，钢纤维的添加增加混凝土结构弱点的数量，例如微裂纹和微孔隙。

图 4-12(b)显示了 M-S 混杂纤维的体积分数对 FPZ 长度发展的影响。对

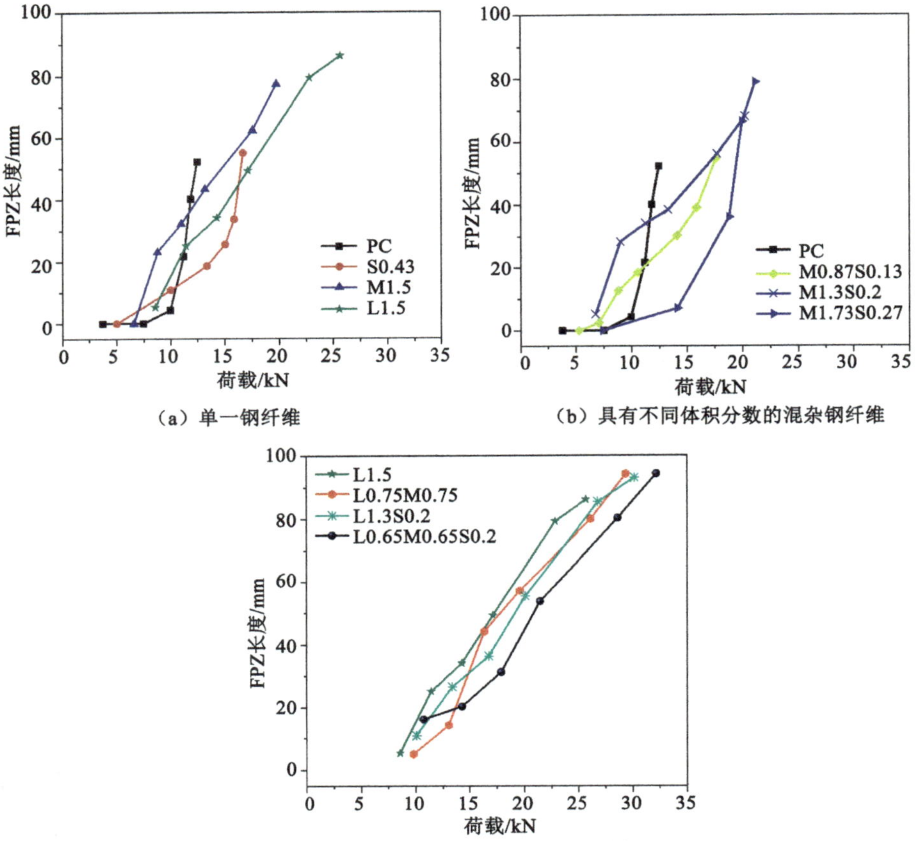

（a）单一钢纤维

（b）具有不同体积分数的混杂钢纤维

（c）不同组合形式的混杂钢纤维

图 4-12　FPZ 长度与载荷关系

于 M0.87S0.13、M1.3S0.2 和 M1.73S0.27，混杂钢纤维具有相同的组合类型和体积比，而总体积分数从 1.0%增加到 2.0%。如图 4-12(b)所示，FPZ 长度的增长趋势从急剧增长转变为缓和线性增长。例如，当体积分数从 0%(PC)增加到 1.0%(M0.87S0.13)时，急剧增长消失，弯曲载荷与裂纹扩展区长度之间呈现线性增长关系。混杂钢纤维能够在裂纹两侧传递弯曲应力，降低裂纹周围的应力集中程度。同时，混杂钢纤维能够桥接宏细观裂纹，抑制宏细观裂纹的扩展速度。

此外，部分输入能量通过纤维与混凝土基质之间的脱黏消耗，从而降低了混凝土中积聚的弹性能 E_e，避免了 FPZ 长度的突然增加。随着体积分数的进一步增加（1.5%），FPZ 长度的发展趋势仍然呈现出线性增长的趋势，如 M0.87S0.13。但当混杂钢纤维的体积分数增加到 2.0%时，FPZ 长度-载荷曲线出现急剧增加，但急剧增加开始阶段发生在较高载荷水平。当体积分数超过一定值（1.5%）时，纤维含量达到对裂纹扩展最佳限制效果的水平。只有当载荷达到一定水平时，裂纹才开始快速扩展。此外，混杂钢纤维对混凝土宏细观裂纹的抑制作用降低了裂纹扩展消耗的输入能量，从而导致混凝土中积聚的弹性能增加。当混凝土内部损伤增加，内部积聚的弹性能超过混凝土结构所能承受能力时，混凝土内部弹性能随着裂纹的快速扩展迅速释放。

不同混杂钢纤维组合形式对 FPZ 长度发展的影响如图 4-12(c)所示。混凝土 L0.75M0.75、L1.3S0.2 和 L0.65M0.65S0.2 中的混杂钢纤维具有相同的总体积分数。混杂钢纤维对混凝土 FPZ 长度发展产生协同抑制作用。混杂钢纤维混凝土的 FPZ 长度[见图 4-12(c)]随载荷增加呈现与 L1.5 类似的线性增长。这主要是由于钩端钢纤维在抑制混凝土弯曲裂纹扩展中发挥主导作用。但随着弯曲载荷的增加，不同形式钢纤维组合表现出协同增强效果。例如，当载荷达到 25 kN 时，混杂钢纤维混凝土的 FPZ 长度小于单一钢纤维混凝土 L1.5 的 FPZ 长度。混杂钢纤维 L0.65M0.65S0.2 表现出对裂纹扩展抑制的协同增强作用，具有最小的 FPZ 长度。

图 4-13 显示了不同混凝土的临界 FPZ 长度。本章将临界 FPZ 长度定义为 90%峰值载荷时的 FPZ 长度。总体而言，钢纤维增加了混凝土弯曲临界 FPZ 长度。单钩端钢纤维 M1.5 和 L1.5 的临界 FPZ 长度分别为 77.26 mm 和 86.15 mm，约为素混凝土 PC 的四倍。然而，S0.43 的临界 FPZ 长度与 PC 相似。对于具有相同 M-S 组合的混杂钢纤维混凝土，临界 FPZ 长度随着混杂钢纤维体积分数的增加而增加。临界 FPZ 长度在体积分数为 1.5%到 2.0%之间略有增加，而在 1%到 1.5%之间增加了约 80%。与 L1.5 相比，包含长钩端钢纤维的混杂纤维混凝土临界 FPZ 长度略有增加，从 86.15 mm 增加到超过93 mm。但是不同混杂钢纤维组合形式对混凝土临界 FPZ 长度不产生明显影响。本章中考虑的三种组合形式 L0.75M0.75、L1.3S0.2 和 L0.65M0.65S0.2，其临界 FPZ 长度在 94 mm 左右。

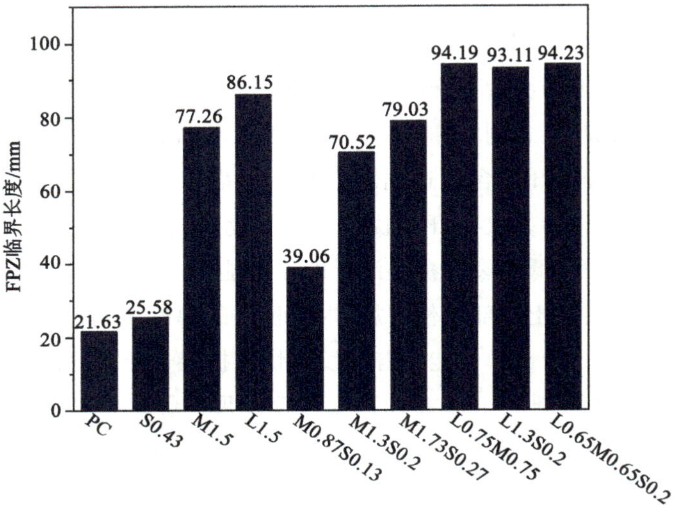

图 4-13　不同混凝土的临界 FPZ 长度

4.3　混杂纤维混凝土弯曲断裂损伤演化规律

为了对弯曲载荷下纤维混凝土的损伤状态进行定量化分析，采用第 3 章的损伤程度因子分析钢纤维混凝土弯曲损伤过程。损伤程度因子计算过程与第 3 章相同。

图 4-14 描述了峰值载荷前 PC 和混杂钢纤维混凝土 M1.3S0.2 的 D_{df} 的变化过程。对于素混凝土 PC，D_{df} 随着载荷变化呈现四个阶段。在第一阶段，D_{df} 随着弯曲载荷的增加而快速增加。当载荷接近 5 kN 时，D_{df} 几乎为峰值载荷时的 47%。在此阶段，D_{df} 的快速增加是由微裂纹的形成、扩展和融合引起的。随着载荷的进一步增加，D_{df} 进入一个稳定阶段。在该阶段内，D_{df} 随着载荷的增加基本保持不变。这主要是由于混凝土自身对裂纹扩展的抑制作用。该阶段弯曲载荷水平较低不足以激活宏观裂纹的形成。当载荷超过一定水平（约 8 kN）时，D_{df} 进入缓慢增加阶段，此时裂纹的产生和扩展被激活。随着裂纹的不断扩展，混凝土进入损伤加剧阶段（最后阶段），D_{df} 随着载荷的增加而急剧增加。与 PC 相比，混杂纤维混凝土 M1.3S0.2 的 D_{df} 出现相当大的变化。混杂钢纤维混

凝土不存在快速初始增长阶段。但这并不意味着微裂纹的形成和扩展未对混凝土造成明显的损伤破坏。这种变化与混凝土中钢纤维对裂纹的桥接作用有关。钢纤维能够在裂纹形成初期连接裂纹两端，从而抑制裂纹的扩展，降低相同载荷水平下混凝土内部的损伤。

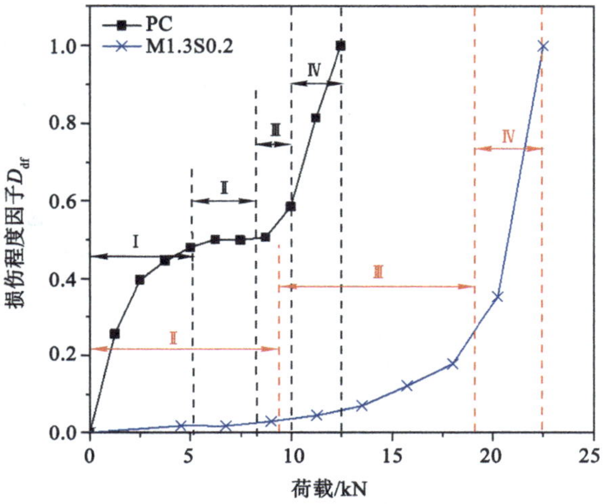

图 4-14　PC 和混杂纤维混凝土 M1.3S0.2 的 D_{df}随载荷变化曲线

单一钢纤维、混杂纤维体积分数和混杂纤维组合形式对混凝土损伤程度因子的影响如图 4-15 所示。不同的单一钢纤维对混凝土损伤程度因子的发展产生不同的影响[见图 4-15(a)]。短波浪形钢纤维混凝土的 D_{df}变化趋势与 PC 相同，但在相同载荷水平下，其 D_{df}小于素混凝土 PC。钩端钢纤维混凝土的 D_{df}曲线在最终急剧增加阶段之前有不同的趋势。对比 M1.5 和 L1.5，急剧增加的载荷水平分别约为 19 kN 和 26 kN，表明长度和直径较大的钩端钢纤维对减缓 D_{df}的增加效果较好。这主要是长钩端对宏观裂纹具有更好的桥接和抑制作用。

图 4-15(b)显示了混杂钢纤维体积分数对混凝土损伤程度因子的影响。随着混杂钢纤维体积分数的增加，D_{df}的急剧增长阶段向更高载荷水平偏移。当体积分数从 0.0%增加到 1.0%和 1.5%时，混凝土急剧增长阶段开始的载荷水平分别为 10 kN、14 kN 和 18 kN。然而，当体积分数从 1.5%增加到 2.0%时，D_{df}增长趋势未发生明显变化。这种变化主要是由于混杂钢纤维体积分数与裂纹抑制效果的关系改变有关。在 0%～1.5%范围内，纤维含量的增加能够增加

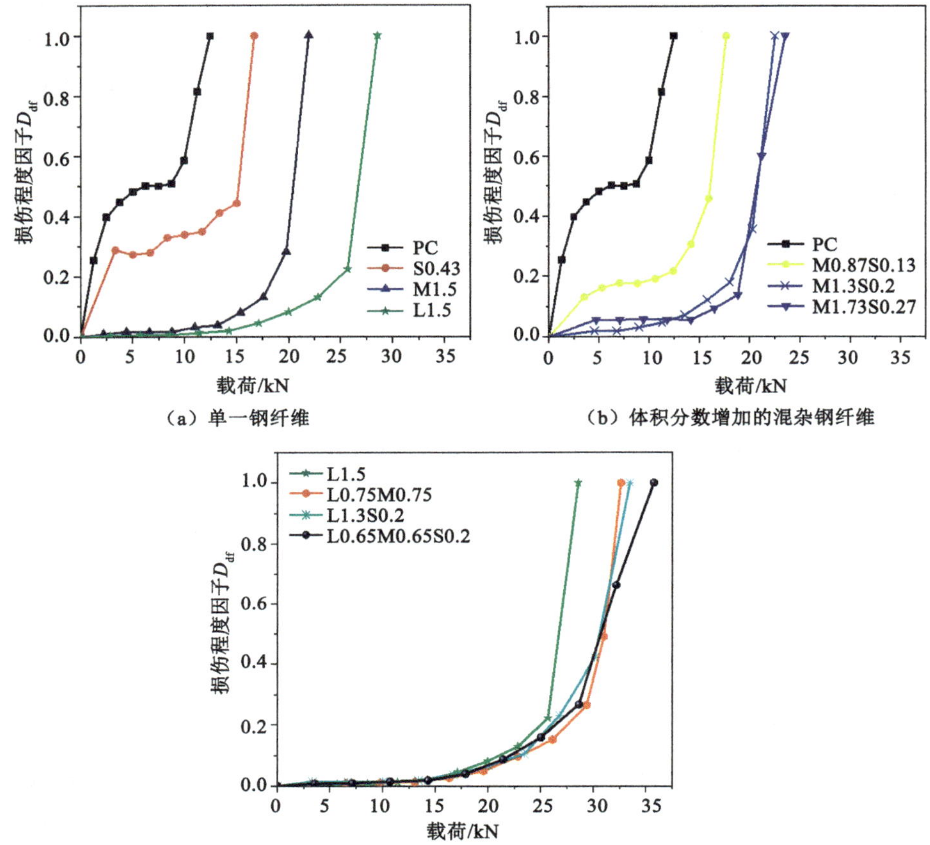

(c) 不同组合的混杂钢纤维

图 4-15　不同混凝土损伤程度因子(D_{df})变化曲线

有效地抑制裂纹的扩展,降低混凝土的损伤程度。当混杂钢纤维的体积分数超过 1.5%时,混杂钢纤维添加量的增加对混凝土裂纹扩展不产生明显的增强效果。因此,高于 2.0%的纤维体积分数并不能对混凝土损伤产生有效降低作用,反而可能会造成纤维混凝土和易性降低,增加其内部的原始微损伤程度。

混杂钢纤维的组合形式对 D_{df} 的影响如图 4-15(c)所示。除了急剧增长阶段的微小差异外,混杂钢纤维组合形式对混凝土 D_{df} 发展未产生明显影响。对于 L1.5、L0.75M0.75、L1.3S0.2 和 L0.65M0.65S0.2,损伤程度因子急剧增长阶段开始时 D_{df} 约为 0.22,但急剧增长期初始载荷从 25.2 kN 增加到 29.4

kN。急剧增长初始阶段 D_{df} 值的相似性主要与长钩端钢纤维对宏观裂纹扩展的影响有关。

为了更加清晰地对不同纤维混凝土损伤程度因子变化过程进行分析，本节对弯曲载荷进行了归一化，具体结果如图 4-16 所示。对于素混凝土 PC，弯曲载荷增加到 30％峰值载荷时，D_{df} 随着载荷呈现急剧增长。当在混凝土中添加短波浪形钢纤维时(S0.43)，初始急剧增长期初始载荷降低至 20％峰值载荷。当钩端钢纤维与短波浪形钢纤维混杂(M0.87S0.13)，D_{df} 初始增长阶段曲线斜率降低。对于包含长钩端钢纤维的单一纤维混凝土或混杂纤维混凝土，初始快速增长阶段消失。除了 S0.43 和 M0.87S0.13，其他纤维混凝土在 80％峰值载荷之前，D_{df} 随着载荷的增加呈现缓慢增加的发展趋势。

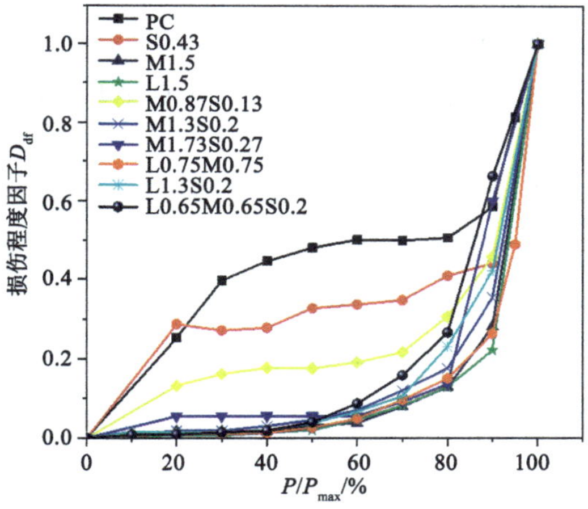

图 4-16　损伤程度因子(D_{df})与弯曲载荷关系

4.4　小　　结

本章利用 DIC 技术研究三点弯曲载荷下混杂钢纤维混凝土的损伤断裂过程。根据试验测试和分析结果，可以得出以下结论：

(1) 钢纤维的添加提升了混凝土的弯曲力学性能，弯曲应力-CMOD 曲线发生改变，长钩端钢纤维能够对混凝土弯曲强度产生较高的增强作用，混凝土弯曲强度随着混杂钢纤维体积分数的增加而增加。

(2) 钢纤维混凝土弯曲断裂过程可分为四个阶段:微裂纹扩展阶段、裂纹形成阶段、裂缝快速扩展阶段和峰后阶段。与 PC 相比,混杂纤维混凝土的裂纹在较低的载荷水平开始出现,并在峰值载荷后伴随着分支裂纹的产生。

(3) 钢纤维的添加改变了 FPZ 长度的发展趋势。单一长钩端钢纤维能够更有效地抑制 FPZ 的扩展。当混杂钢纤维体积分数从 0%增加到 2%时,临界 FPZ 长度从 21.63 mm 增加到 79.03 mm。纤维的混杂形式对 FPZ 长度发展趋势和临界 FPZ 长度未产生明显影响。与单一长钩端钢纤维相比,含有长钩端钢纤维的混杂钢纤维在抑制 FPZ 扩展方面产生协同作用。

(4) 采用损伤程度因子(D_{df})对弯曲载荷下钢纤维混凝土损伤程度进行量化分析。D_{df}的发展过程可分为初始快速增长、稳定、缓慢增长和急剧增长四个阶段。与 PC 相比,混杂钢纤维混凝土不存在初始快速增长阶段且缓慢增长阶段变长。对于单一钢纤维混凝土,长钩端钢纤维能够更加有效地降低混凝土弯曲损伤程度。当混杂钢纤维的体积分数在 0%~1.5%范围内时,D_{df}随着混杂钢纤维体积分数的增加而降低。当混杂钢纤维体积分数超过 1.5%时,纤维含量的增加并未对混凝土损伤产生明显的抑制增强效果。混杂钢纤维组合形式对混凝土 D_{df}未产生明显影响。

第 5 章　热损伤混杂纤维混凝土单轴压缩力学行为研究

火灾是大多数建筑最严重的潜在风险之一[58]。混凝土结构可能会因火灾原因或特殊应用目的而经受高温[193]。首先，在高温环境中，混凝土致密的微观结构抑制物理和化学水的蒸发，导致混凝土中形成较高的蒸汽压[58,63]。其次，混凝土的低导热率会在混凝土表面和中心之间形成较高的热梯度，从而造成混凝土内部产生相当大的热应力，其中压缩分量平行于受热表面，拉伸分量垂直于受热表面[82,194-195]。蒸汽压和热应力促使微观和宏观裂纹的萌生和扩展，导致高温下混凝土爆裂剥落。当温度超过一定水平时[196-197]，混凝土基体和骨料的分解导致混凝土的承载能力严重降低。

纤维增强材料不仅可以降低混凝土的脆性，还可以提高其耐火性能。聚丙烯纤维的存在对混凝土抗压强度不产生显著影响，但它可以减少或消除火灾（高温）下混凝土发生爆裂剥落的概率[66,198-200]。这主要是由于聚丙烯纤维的熔点较低，其熔化蒸发能够为混凝土内部水分蒸发创造通道，降低混凝土内部的蒸汽压。钢纤维具有较高的弹性模量，通过桥接裂缝改善混凝土的力学性能。但是钢纤维对处在高温下的混凝土的影响存在争议[71,201-202]。钢纤维的存在限制了裂纹的扩展并增加了混凝土传热能力。但钢纤维的添加会产生额外的微孔隙和微裂纹，增加了高温下微裂纹扩展的机会。

普遍认为混杂纤维对纤维增强混凝土的力学性能提升产生协同增强作用。混杂纤维增强混凝土在高温下具有更好的力学性能。但对高温下混杂钢纤维的研究相对较少。混杂纤维组合类型对热损伤混杂纤维混凝土单轴压缩性能的影响尚不清楚。因此，需要对高温下混杂纤维混凝土的单轴压缩力学行为进行更深入的研究。

在高温下,混凝土的主要成分发生物理和化学变化,导致混凝土基体的微观结构发生变化。高温引起的混凝土微观结构的损伤对混凝土损伤破裂产生显著影响,这种影响可以通过压缩应力-应变曲线直接反映出来。研究人员根据应力-轴向应变研究素混凝土的抗压性能,为混凝土结构的安全评估提供重要信息。但仅靠应力-轴向应变并不能全面反映混凝土的热力学特性,而且纤维增强混凝土的情况更为复杂。随机分布的纤维在轴向和横向上对混凝土结构变化产生约束。整体上看,混凝土内部纤维对体积应变的影响比轴向应变影响更显著。同时,现有的防火设计规范是基于普通混凝土制定的,将现有的防火设计规范应用于混杂纤维增强混凝土可能并不合适。

采用适当的养护方法将热损伤混凝土结构恢复到结构安全水平是减少混凝土使用量的有效途径。火灾后,混凝土热分解产物与水和二氧化碳发生反应生成水化产物填充到热损伤混凝土的裂缝和孔隙。这些新生成的水化产物可以对热损伤混凝土力学行为产生积极[127,130]或消极的[203-204]影响。采用恰当的方法对热损伤混凝土进行再养护,能够对混凝土热损伤进行部分修复,提升热损伤混凝土的力学性能。浸水再养护是一种重新激活逆向化学反应热损伤混凝土修复方法。然而,浸水再养护方法对热损伤混凝土力学损伤修复存在争议[115,130,203]。从整体上看,浸水再养护对热损伤混杂纤维混凝土单轴压缩性能的影响尚未得到充分研究。

本章通过对圆柱形混杂纤维混凝土试样开展单轴压缩试验,研究纤维混杂类型、高温和浸水再养护对混杂纤维混凝土单轴压缩力学行为的影响。对热损伤混杂纤维混凝土的水分蒸发、损伤程度、损伤起始应力和临界应力进行分析,评价浸水再养护对热损伤混杂纤维混凝土性能的恢复效果。

5.1 高温对混凝土水分蒸发的影响规律

5.1.1 混凝土试样制备和测试方法

使用硅酸盐水泥 CEM Ⅱ/A-LL42.5R、最大公称尺寸为 16 mm 的河卵石、最大公称尺寸为 22 mm 的石灰石碎石。细骨料为最大尺寸为 4 mm 的河砂。

骨料级配曲线如图 5-1 所示。使用减水剂 Aeternum Proof 以保持混凝土良好的和易性。

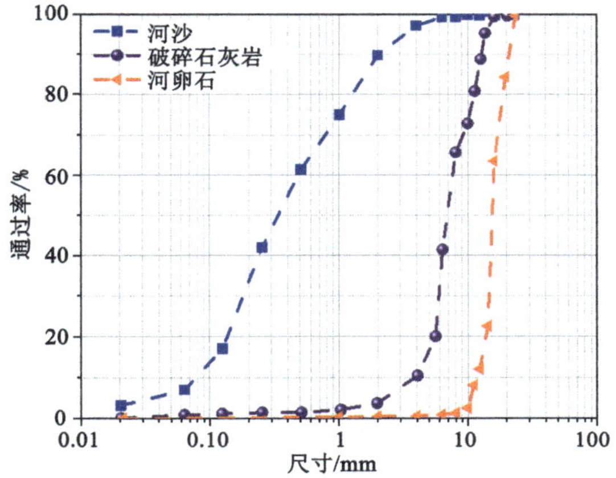

图 5-1　骨料的级配曲线

根据对市场上现有应用较为广泛的纤维的分析，研究团队选择了四种具有不同几何参数和材料的商用纤维。高强度短钢纤维呈波浪状，中长钢纤维呈钩状。本章中使用的聚丙烯纤维的熔点为 170 ℃，因此不适合用于高温下的混凝土力学性能增强。在混凝土中添加聚丙烯纤维主要原因是纤维熔化蒸发为高压水蒸气的扩散提供了额外的通道，从而能够降低混凝土中的高压水蒸气含量，降低其对混凝土的损伤程度。本章中使用纤维的性能列于表 5-1 中。

表 5-1　纤维的特性

	长(L)钩端钢纤维	中(M)钩端钢纤维	短(S)波浪形钢纤维	聚丙烯纤维(PP)
	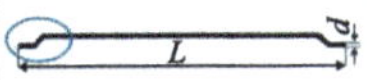			
长度/mm	50	35	18	18
直径/mm	1.0	0.6	0.2	0.01
长径比/(L/D)	50	58	90	1800
密度/(kg/m^3)	7800	7800	7800	910

表 5-1(续)

	长(L)钩端钢纤维	中(M)钩端钢纤维	短(S)波浪形钢纤维	聚丙烯纤维(PP)
抗拉强度/(N/mm^2)	1440	1250	2600	450
弹性模量/GPa	200	200	200	37

设计了两种混凝土混合物，如表 5-2 所示。除纤维外，其他成分相同。混杂纤维“S”包含长钩端钢纤维(LS)、中钩端钢纤维(MS)和短波浪形钢纤维(SS)。混杂纤维“P”中，短波浪形钢纤维被聚丙烯纤维(PP)取代。两个混杂纤维混凝土中纤维的体积分数相同。试样根据标准 EN 12390-2:2019 制备。将试样在模具中养护 24 h，然后，将它们脱模并在温度为 20±2 ℃、相对湿度为 90%±3%的室内养护直至测试。

表 5-2　混凝土混合物配合设计

混杂纤维	水灰比	水泥/(kg/m^3)	骨料/(kg/m^3)			纤维体积分数/%				外加剂/(kg/m^3)
			河卵石	破碎石灰岩	河沙	LS	MS	SS	PP	
S	0.45	450	705	530	320	0.65	0.65	0.2	—	13.5
P			705	530	320	0.65	0.65	—	0.2	13.5

根据标准 EN 12390-3:2019，对尺寸为直径×高度=100 mm×200 mm 的圆柱试样开展单轴压缩试验，研究不同高温后混杂纤维混凝土的单轴抗压性能(如表 5-3 所示)。对于每种测试情况，测试三个及以上试样。需要强调的是，本章中不考虑纤维混凝土力学性能的尺寸效应。测试组 ID 包括纤维类型、温度和再养护方法。例如，PW-400 表示混杂纤维中包含聚丙烯纤维，400 ℃加热，加热后浸水再养护。压缩试验前，将试样以 1 ℃/min 的速率加热至目标温度(200 ℃、400 ℃、600 ℃、800 ℃)。然后，在炉内保持目标温度两个小时，然后以 1 ℃/min 的速率冷却至环境温度。将 400 ℃和 600 ℃加热后的试样在水中养护三周，然后取出并在实验室环境中放置一周。

单轴压缩测试的装置如图 5-2 所示。使用三个彼此成 120°的线性可变位移传感器 (LVDT) 测量轴向位移。为了减少试样端部约束效应，LVDT 距离末端 50 mm。使用聚四氟乙烯薄膜来减少加载板引起的摩擦。通过夹规测量试样的侧向变形。测试采用位移控制方式，加载初始阶段以 0.001 5 mm/s 的轴向位移为控制方式。当侧向变形达到 0.020 mm 时，加载方式改变为侧向位移速率控制，加载速率为 0.001 mm/s。当侧向位移达到夹规最大值 3.5 mm 时，停止测试。

表 5-3　测试组

ID	温度/℃	浸水养护	ID	温度/℃	浸水养护
S-20	20	NO	PW-400	400	YES
P-20	20	NO	P-600	600	NO
S-200	200	NO	S-600	600	NO
P-200	200	NO	SW-600	600	YES
S-400	400	NO	P-800	800	NO
SW-400	400	YES	S-800	800	NO
P-400	400	NO			

图 5-2　单轴压缩测试试验装置

对于每种测试环境，在加热或浸水再养护之前和之后测量圆柱体试件轴向的超声波脉冲速度（UPV），以评估混杂纤维混凝土高温后的损伤程度。测量根据标准《Testing concrete in structures-Part 4：Determination of ultrasonic pulse velocity》（EN 12504-4：2021）进行。此外，通过称量加热或浸水再养护之前和之后的试样的质量来测量高温后的混凝土水蒸发量。

5.1.2 不同温度和浸水再养护下混杂纤维混凝土水分蒸发量

毛细管水、层间水和化学结合水是混凝土中的三种水[84,205]。在高温环境下，混凝土的水分从内向外蒸发，导致混凝土发生物理(孔隙和微观结构)和化学变化(C—S—H 脱水)。同时，混凝土内部水分蒸发产生高蒸汽压，加速混凝土裂缝的扩展。因此，水分蒸发率可以在一定程度上反映高温环境下混凝土微观结构和力学性能的变化。

图 5-3 显示了不同温度下混杂纤维混凝土的水蒸发率。两种混杂纤维混凝土的水分蒸发率随温度呈双线性增加[图 5-3(a)]。混杂纤维混凝土 P 和 S 在 400 ℃时的平均水分蒸发率分别达到 8.30%和 6.78%，分别是 800 ℃时的 67.8%和 59.5%。当温度从 20 ℃升高到 400 ℃时，混凝土中的毛细管水蒸发。当温度超过 200 ℃时，C—S—H 各层之间的层间水蒸发[206-207]。同时一些水化产物，如氢氧化钙和骨料，发生高温分解，其中的化学水随之蒸发，导致混凝土内部水蒸气高压进一步增加。当温度超过 170 ℃时，聚丙烯纤维发生熔化和蒸发，为混凝土内部水分蒸发提供了额外的路径，从而导致混杂纤维混凝土 P 中的水分蒸发率高于混杂纤维混凝土 S 中的水分蒸发率。

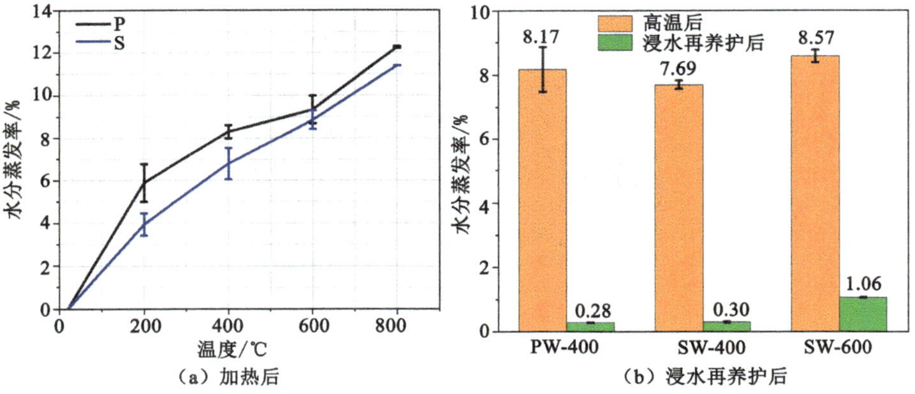

图 5-3 水蒸发率

(误差线显示 3 个试样的标准差)

浸水的再养护减少了热损伤混凝土水分蒸发，如图 5-3(b)所示。400 ℃热损伤混杂纤维混凝土 S 和 P 经过浸水养护后的水蒸发率分别从 8.17%和7.69%下降到 0.28%和 0.30%，与 600 ℃时的情况相似。在浸水再养护期间，混凝土中高温分解产物经历再水化过程，产生 C—S—H、$Ca(OH)_2$、$Ca(CO_3)$等再水化产物。此外，自由水填充了热损伤混凝土中孔隙、裂缝和毛细孔，增加了热损伤混凝土内部的水分含量。

5.2　温度和浸水再养护对混凝土热损伤程度的影响规律

无损超声脉冲速度（UPV）方法是一种土木工程损伤评估的快捷方便无损检测方法[208-210]，可以用于评估高温引起的混凝土劣化。通过测量高温前后混凝土试样轴向超声波速度 UPV。根据超声波波速变化情况，采用损伤度（DD）来评价高温对混凝土造成的损伤程度：

$$DD = 1 - \frac{V}{V_0} \tag{5-1}$$

式中，V 为高温或浸水再养护后的超声波脉冲速度；V_0为混凝土试样在 20 ℃时的 UPV。损伤度越高表明混凝土试样损伤越严重。

两种混杂纤维混凝土的损伤程度均随温度的升高而增加，如图 5-4(a)所示。温度低于 200 ℃时，损伤程度较低，约为 0.1。毛细水的蒸发是该温度下混凝土损伤程度增加的主要原因。在高温下，毛细水（自由水）以低蒸汽压从受热表面流入混凝土内部。在距离混凝土表面一定距离区域（温度在 100 ℃左右）凝结，形成饱和层。饱和层像水分蒸发抑制墙体一样阻碍了自由水的蒸发，增加了混凝土的孔隙压力。当温度从 200 ℃升高到 600 ℃时，损伤程度上升到 0.65左右。超过 200 ℃，C—S—H 发生分解，导致混凝土基体中产生裂纹。同时，骨料和水泥浆之间的不均匀性热膨胀在界面过渡区（ITZ）产生微裂纹。当温度高于 600 ℃时，骨料、氢氧化钙（$Ca(OH)_2$）和碳酸盐发生分解，对混凝土微观结构造成相当大的损伤，导致混凝土损伤程度进一步增加。当温度超过800 ℃时，混杂纤维混凝土损伤程度达到 0.7。当温度从 400 ℃升至 600 ℃时，混凝土试样表面出现明显的宏观裂纹，宏观裂纹周围出现细小分支裂纹（图 5-5）。这种宏细观裂纹出现证明了随着温度的升高混凝土内部结构发生明显损伤劣化。

浸水再养护降低了两种热损伤混杂纤维混凝土的损伤程度，如图 5-4(b)所示。经历过浸水再养护后，400 ℃和 600 ℃热损伤混凝土 S 损伤程度分别从

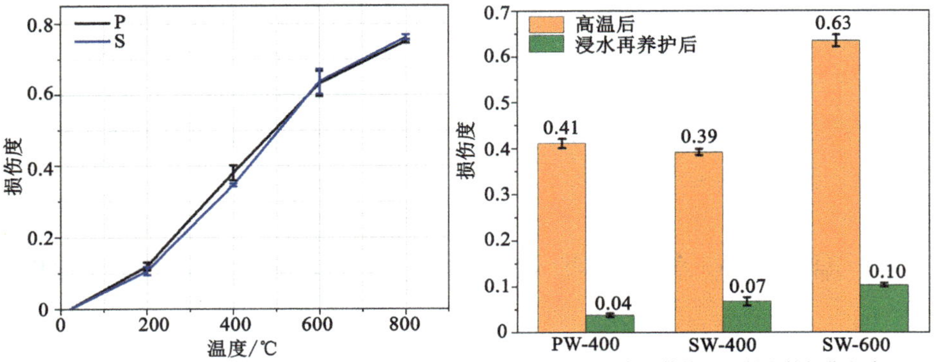

（a）高温　　（b）浸水再养护后混凝土的损伤程度

图 5-4　高温和浸水再养护后混凝土的损伤程度

（误差线显示 3 个试样标准差）

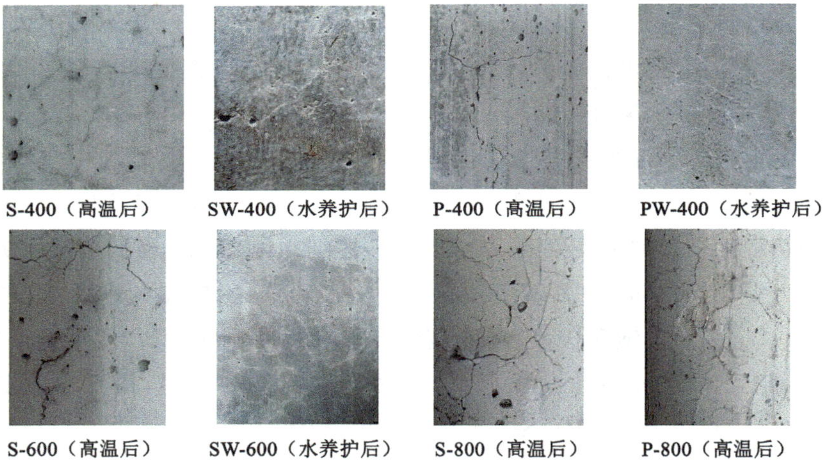

图 5-5　高温和浸水再养护后混凝土试样表面的裂纹形貌

0.39和 0.63 下降到 0.07 和 0.10。在浸水再养护期间，高温热分解产物与水和二氧化碳发生再水化反应，产生了 C—S—H 和 $CaCO_3$ 等水化产物，从而能够对混凝土热损伤裂缝进行部分填充。如图 5-5 所示的混凝土试样表面裂纹图案（肉眼可见损伤明显的表面部分）为浸水再养护对热损伤的混杂纤维混凝土的修复效果提供了证据。热损伤混凝土经过浸水再养护后裂纹数量明显降低且裂纹多数变为小尺度的微小裂纹。同时，自由水充填到热损伤混凝土中的孔隙和裂缝当中，自由水的存在增加了超声波在试样中的传播速度。

5.3　热损伤混杂纤维混凝土单轴压缩力学特性分析

5.3.1　单轴抗压强度和峰值应变

图 5-6 比较了两种热损伤混杂纤维混凝土的抗压强度。混杂纤维混凝土的单轴抗压强度随温度升高而降低。对于混杂纤维混凝土 S，低于 200 ℃的高温对其抗压强度的影响可以忽略不计，保持在 56.2 MPa 附近。当温度超过 200 ℃时，特别是当温度超过 400 ℃时，混杂纤维混凝土的单轴抗压强度明显降低。当温度达到 800 ℃时，混杂纤维混凝土 S 的单轴抗压强度下降了 87%，降低至 7.16 MPa。这主要是由高温下混凝土内部蒸汽压和热应力增加导致 ITZ 和混凝土基体裂纹的产生和扩展。此外，当温度超过 100 ℃时，C—S—H 开始发生分解，而 $Ca(OH)_2$和 $CaCO_3$分别在温度达到 450 ℃和 700 ℃时脱水。这些主要水化产物物理化学变化削弱了混凝土基体的微观结构，降低了其承载能力。混杂纤维混凝土 P 与 S 高温影响下单轴抗压强度变化的趋势相似，但混杂纤维混凝土 S 的抗压强度高于混杂纤维混凝土 P。短波浪形钢纤维具有较高的长径比，对微裂纹的扩展产生更有效的桥接作用。当温度超过 170 ℃时，聚丙烯纤维熔化并蒸发，失去对微裂纹的桥接作用。

浸水再养护能够部分降低高温对混杂纤维混凝土单轴抗压强度劣化程度，如图 5-6(a)所示。对于混杂纤维混凝土 S，在 400 ℃时，单轴抗压强度降低至 20 ℃时混凝土抗压强度的 80%。这表明钢纤维与水泥基体之间的黏结和 ITZ 出现程度较低的损伤。因此，浸水再养护对 400 ℃热损伤混杂纤维混凝土单轴压缩强度的恢复作用较小。当温度达到 600 ℃时，混杂纤维混凝土水化产物发生物理化学变化，导致混凝土内部产生密集的宏细观裂纹。热损伤混凝土在浸水再养护期间热分解产物发生再水化反应，生成的再水化产物部分或者完全填充混凝土内部的热损伤裂纹，从而部分修复其内部微观结构，提升混凝土的整体强度。对于热损伤混杂纤维混凝土 P，浸水再养护对其热损伤产生更加明显的修复效果。400 ℃热损伤混凝土经历浸水再养护后，单轴抗压强度从 20.59 MPa

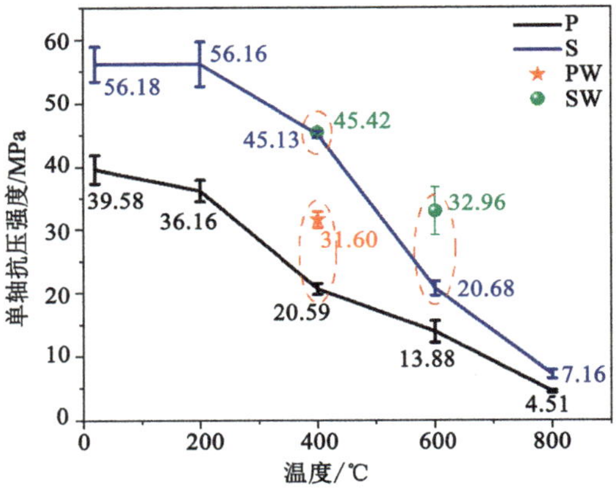

（a）不同温度下的混凝土单轴抗压强度

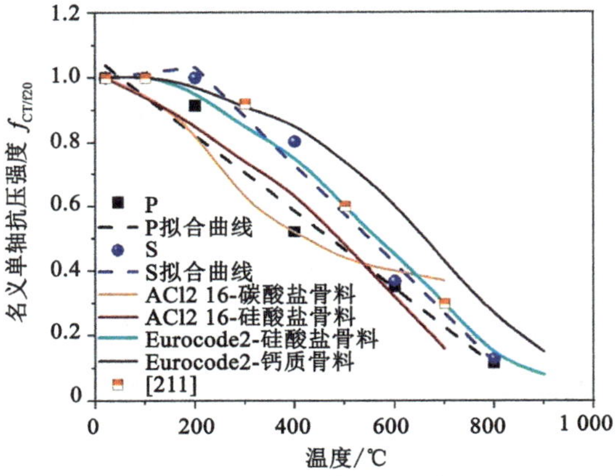

（b）名义单轴抗压强度

图 5-6　不同温度下的混凝土单轴抗压强度和名义单轴抗压强度

（误差线显示 3 个试样的标准差）

增加到 31.60 MPa。这主要是因为浸水再养护产生的水化产物填充了聚丙烯纤维蒸发产生的裂缝和孔隙，降低了混凝土内部孔隙率。

20～800 ℃范围混杂纤维混凝土名义残余单轴抗压强度（定义为热损伤混凝土的抗压强度 f_{CT} 与 20 ℃时的抗压强度 f_{C20} 之比）与温度之间的关系如图所示 5-6(b)。试验结果的拟合函数由式(5-2)和(5-3)表示。

混杂纤维混凝土 S：

$$\frac{f_{CT}}{f_{C20}}=\begin{cases}1 & 20\leqslant T\leqslant 200 \quad R^2=0.99\\ 1.338-1.53\left(\dfrac{T}{1\,000}\right) & 200\leqslant T\leqslant 800 \quad R^2=0.98\end{cases} \tag{5-2}$$

混杂纤维混凝土 P：

$$\frac{f_{CT}}{f_{C20}}=1.062-1.19\left(\frac{T}{1\,000}\right) \quad 20\leqslant T\leqslant 800 \quad R^2=0.97 \tag{5-3}$$

根据 Eurocode 2 和 ACI 216 估算的硅质骨料的名义抗压强度与上述函数方程一致。此外文献[211]的试验结果与所提出的拟合函数有较好的吻合，这表明本章中提出的函数能够较好地对热损伤混杂纤维混凝土的单轴抗压强度进行预测。

峰值应变(ε_P)定义为峰值应力时的轴向应变，是混凝土材料性质的重要参数。图 5-7(a)表明两种混杂纤维混凝土的峰值应变随温度的增加而增加，特别是当温度超过 400 ℃ 时，两者之间存在二次函数关系。

混杂纤维混凝土 P：

$$\varepsilon_{PT}=\varepsilon_{P20}\left(0.923-1.381\left(\frac{T}{1\,000}\right)+6.027\left(\frac{T}{10}\right)^2\right)20\leqslant T\leqslant 800, R^2=0.97 \tag{5-4}$$

混杂纤维混凝土 S：

$$\varepsilon_{PT}=\varepsilon_{P20}\left(1.093-3.631\left(\frac{T}{1\,000}\right)+11.830\left(\frac{T}{1\,000}\right)^2\right)$$
$$20\leqslant T\leqslant 800, R^2=0.99 \tag{5-5}$$

浸水再养护对两种热损伤混杂纤维混凝土在 400 ℃下的峰值应变的影响不明显。但浸水再养护使 600 ℃时的峰值应变降低了 40%。

图 5-7(b)比较了式(5-4)、式(5-5)、Eurocode 2 和其他研究[212-215]中的混杂纤维混凝土名义峰值应变。Eurocode 2 中提出的热损伤混杂纤维混凝土名义峰值应变大于实验值。本章中提出的式(5-4)和式(5-5)对 600 ℃以下的温度范围有较好的预测效果。

5.3.2 初始弹性模量

图 5-8 显示了不同测试环境下混杂纤维混凝土的初始弹性模量(E_{inT})。初始弹性模量定义为 $0.1f_{CT}$ 处的切线模量。对于两种混杂纤维混凝土，当温度超

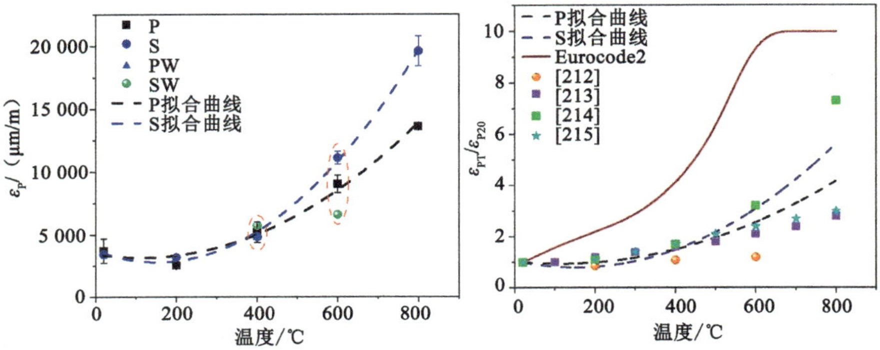

（a）不同高温下的混杂纤维混凝土峰值应变　　（b）名义峰值应变

图 5-7　不同高温下的混杂纤维混凝土峰值应变和名义峰值应变

（误差线显示 3 个试样的标准差）

过 200 ℃时，初始弹性模量急剧下降。混杂纤维混凝土 S 和 P 的初始弹性模量从 200 ℃时的 27.54 GPa 和 23.52 GPa 下降到 400 ℃时的 8.86 GPa 和 4.99 GPa，分别降低了 68%和 79%。当温度达到 800 ℃时，测得初始弹性模量最低，约为 0.5 GPa。

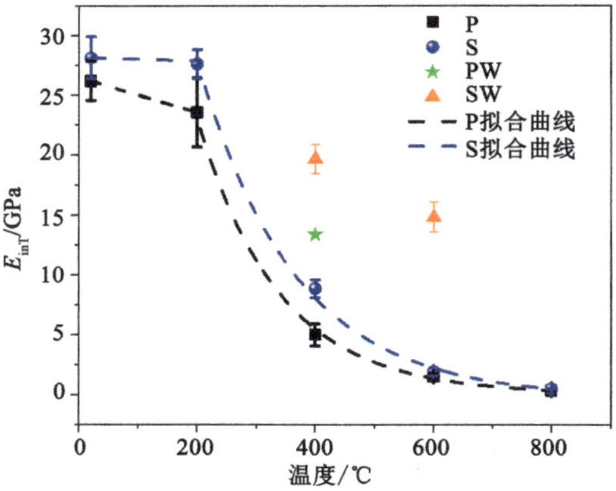

图 5-8　不同测试条件下的初始弹性模量

（误差线表示 3 个试样的标准差）

当温度超过 200 ℃时，蒸汽压和热应力加速了微裂纹的形成和扩展。同时，混凝土水化产物的分解使混凝土产生更多宏细观裂纹。混凝土内部微观结构损伤导致初始弹性模量降低。短波浪形钢纤维具有较高的弹性模量并且与混凝土基质之间有较高的黏结强度，因此纤维混凝土S比纤维混凝土P具有更高的初始弹性模量。但是经过高温热损伤后，两者初始弹性模量变化趋势基本一致。在20 ℃至800 ℃范围内，混杂纤维混凝土初始弹性模量与温度之间存在两种关系(线性和指数关系)，具体如式(5-5)和式(5-6)所示：

混杂纤维混凝土S：

$$E_{\mathrm{inT}}=\begin{cases}E_{\mathrm{in20}} & 20\leqslant T\leqslant 200 \quad R^2=0.99\\ E_{\mathrm{in20}}\left(3.443\exp\left(\dfrac{-6.1T}{1\,000}\right)\right)\pm 0.2 & 200\leqslant T\leqslant 800 \quad R^2=0.99\end{cases} \tag{5-6}$$

混杂纤维混凝土P：

$$E_{\mathrm{inT}}=\begin{cases}E_{\mathrm{in20}}\left(1.011-0.561\left(\dfrac{T}{1\,000}\right)\right)+0.23 & 20\leqslant T\leqslant 200 \quad R^2=0.99\\ E_{\mathrm{in20}}\left(3.699\exp\left(\dfrac{-7.2T}{1\,000}\right)\right)\pm 0.25 & 200\leqslant T\leqslant 800 \quad R^2=0.99\end{cases} \tag{5-7}$$

其中T是温度(℃)，E_{in20}是20 ℃时混凝土的初始弹性模量。

浸水再养护对热损伤的混杂纤维混凝土的初始弹性模量产生了修复作用。浸水再养护使400 ℃热损伤混杂纤维混凝土的初始弹性模量从4.99 GPa和8.86 GPa增加到13.41 GPa和19.67 GPa(增加169%和122%)，分别达到E_{in20}的51%和70%。在浸水再养护阶段，高温热分解产物与水和二氧化碳发生再水化反应，生成大量水化产物。CaO与水和二氧化碳反应，重新生成$Ca(OH)_2$和$CaCO_3$。C_nS(如C_2S、C_3S)与水反应，在热损伤混凝土基体中生成C—S—H。再水化产物能够充填或者部分充填高温损伤混凝土中产生的裂纹。经过浸水再养护后热损伤混凝土基质与钢纤维的黏结强度得到部分恢复，提升了对混杂纤维混凝土内部裂纹扩展的抑制作用，从而恢复了热损伤纤维混凝土的初始弹性模量。

5.3.3 单轴压缩应力-应变关系

混凝土单轴压缩断裂特征和应力-应变关系是混凝土的两个重要性能。相关研究证明高温破坏混凝土的微观结构，进而改变其力学性能。混凝土微观结构损伤演化可以通过应力-应变曲线直接反映。混凝土中随机分布的纤维对裂缝产生桥接效应，改变应力与轴向应变、横向应变和体积应变之间的关系。文献[216]提出的混凝土破坏理论认为混凝土临界载荷可以根据其体积应变确定。后续相关研究表明混凝土体积膨胀与其内部连续裂纹的扩展有关。因此，通过分析轴向应变、侧向应变和体积应变的应力-应变曲线，能够明确高温和浸水再养护对混杂纤维混凝土破坏过程的影响。

图 5-9 显示了混杂纤维混凝土 S 在不同测试环境下的应力-应变曲线。温度在 200 ℃以下时，混杂纤维混凝土 S 除了抗压强度略有增加外，应力-应变曲线与 20 ℃环境下相似，未产生明显变化[图 5-9(a)和图 5-9(b)]。200 ℃以下时，混杂纤维混凝土 S 的应力-应变曲线初期呈线性增加，随着载荷的增加逐渐变为非线性应变硬化增长，直至达到峰值应力。当温度增加到 400 ℃时，应力-轴向应变呈线性增加[图 5-9(c)]。但应力-侧向/体积应变曲线在峰值应力之前出现了明显的非线性增长。这表明在 400 ℃时混凝土微观结构发生明显损伤。当温度达到 600 ℃和 800 ℃时，应力-应变曲线呈现出较大的变化，抗压强度[图 5-9(d)和图 5-9(e)]和初始弹性模量(图 5-8)急剧下降，峰值应变增加(图 5-7)。应力-侧向应变和应力-体积应变曲线呈现出更加明显的非线性增长。这些主要是由于在 600 ℃和 800 ℃高温下，混凝土内部水化产物大量分解，造成混凝土内部微观承载结构发生整体性破坏。

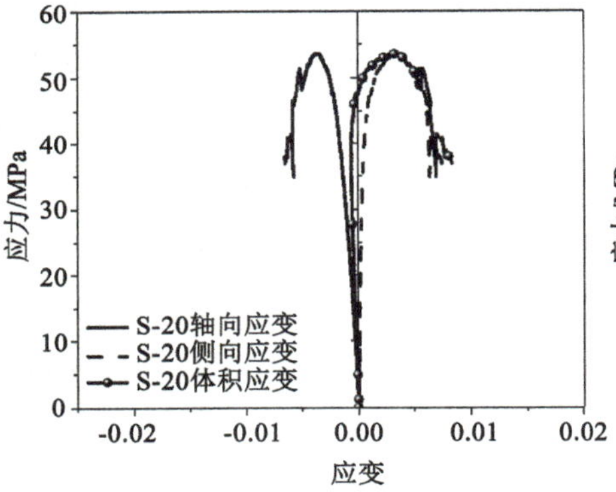

(a) 20 ℃

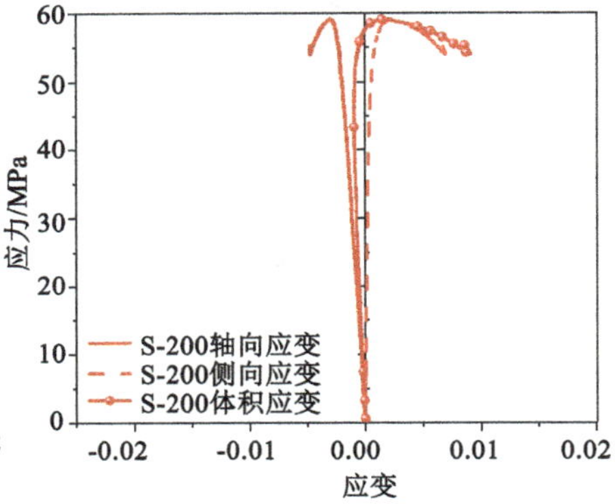

(b) 200 ℃

图 5-9 混杂纤维混凝土 S 应力与轴向、侧向和体积应变曲线

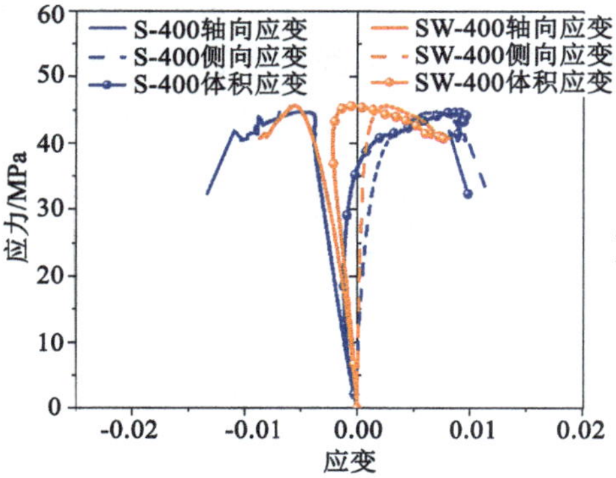

(c) 400 ℃

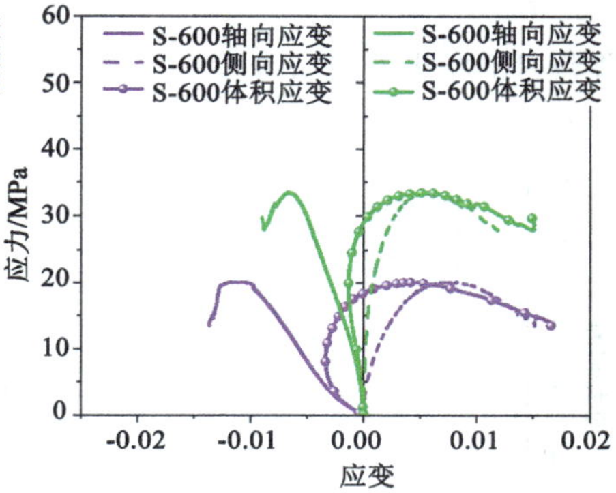

(d) 600 ℃

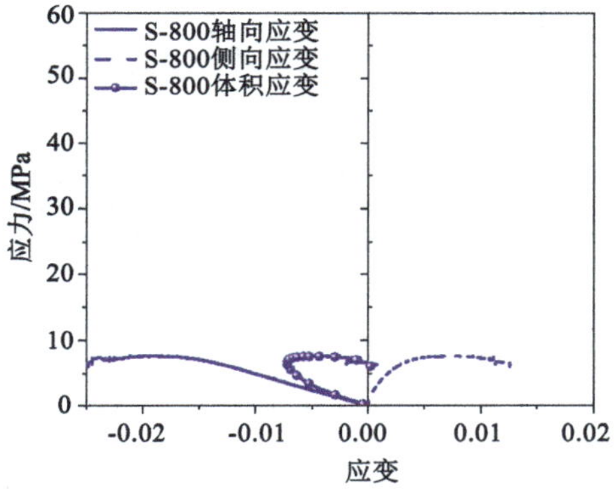

(e) 800 ℃

图 5-9　(续)

浸水再养护改变了热损伤混凝土应力-应变曲线的发展趋势。在 400 ℃时[图 5-9(c)],虽然浸水再养护对应力-轴向应变曲线的恢复未产生明显的影响,但浸水再养护后混凝土应力-侧向应变和应力-体积应变曲线在峰值载荷之前表现出更加明显的线性增长,峰后应力随着侧向和体积应变的增加缓慢下降。浸水再养护对 600 ℃热损伤混杂纤维混凝土产生明显的恢复效果[图 5-9(d)]。浸水再养护对热损伤混凝土的修复效果主要是混凝土的热分解产物在浸水养护阶段发生水化反应。浸水再养护阶段产生的水化产物能够填充热损伤混凝土内部的裂纹和孔隙,从而提升混凝土微观结构的整体性,增强混凝土微观结构的承载能力。同时,浸水再养护后混凝土基质与钢纤维之间的黏结强度增强,部分恢复了钢纤维对裂纹扩展的抑制作用。

图 5-10 显示了混杂纤维混凝土 P 在不同预处理条件下的应力-应变曲线。高温和浸水再养护对混杂纤维混凝土 P 的应力-应变曲线产生了与混杂纤维混凝土 S 类似的影响。值得注意的是，浸水再养护对包含聚丙烯纤维的热损伤混

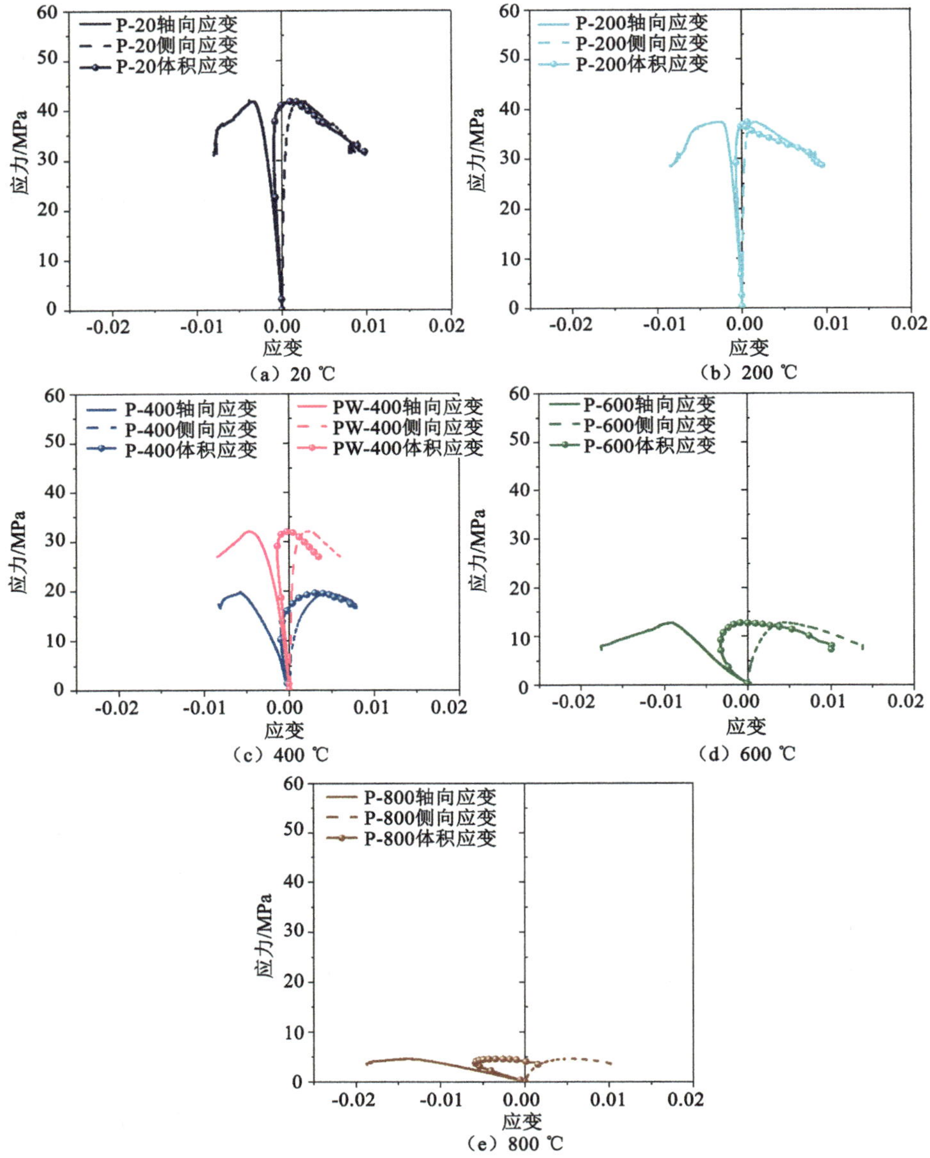

图 5-10　混杂纤维混凝土 P 不同预处理条件下的应力与轴向、横向和体积应变曲线

杂纤维混凝土 P 产生了更强的恢复作用。当温度超过聚丙烯纤维熔点后，聚丙烯纤维熔化蒸发，丧失了对微裂纹扩展的抑制作用。另一方面，聚丙烯纤维熔化蒸发后的孔隙为微裂纹和宏观裂纹的产生和扩展提供了更多弱点，从而加快了微细观裂纹的扩展融合过程。在浸水再养护过程中混凝土热分解产物发生再水化反应，产生的水化产物修复了部分热损伤并填充了由聚丙烯纤维蒸发引起的孔隙，增强了热损伤混凝土的整体性。同时浸水养护阶段产生的水化产物对 ITZ 区域内的微裂纹进行部分或全部充填，实现对 ITZ 的热损伤的部分修复，增强了 ITZ 的整体强度。

图 5-11 比较了混杂纤维组合形式对热损伤混杂纤维混凝土应力-应变曲线的影响。在 400 ℃以下时，包含短波浪形钢纤维的混杂纤维混凝土 S 比包含聚丙烯纤维的混杂纤维混凝土 P 表现出更高的抗压强度。混杂纤维混凝土 P 在峰后阶段表现出明显的应变软化的应力-应变行为[参见图 5-11(a)]。当温度升高到 600 ℃，两种混杂纤维混凝土的单轴抗压强度明显降低。同时混杂纤维混凝土的应力-应变表现出更加明显的非线性增长。混杂纤维混凝土 S 在 600 ℃高温下峰后阶段表现出明显的应变软化行为。整体上看，包含短波浪形钢纤维的混杂纤维混凝土 S 比包含聚丙烯纤维的混杂纤维混凝土 P 具有更好的热力学特性。但随着温度的逐渐升高，包含短波浪形混杂纤维混凝土的力学优势逐渐减弱。

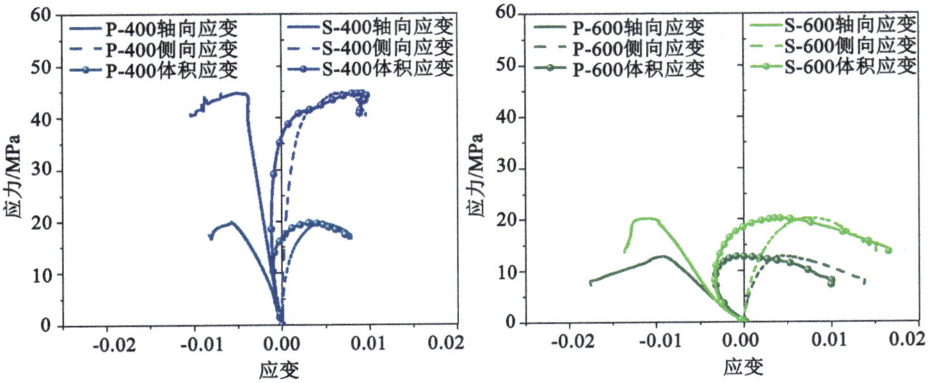

(a) 400 ℃　　(b) 600 ℃

图 5-11　混杂纤维混凝土 S 和 P 的应力-应变曲线比较

图 5-12 给出了不同条件下混杂纤维混凝土的应力-侧向/轴向应变比曲线。随着混凝土热损伤程度的增加，侧向应变对体积应变的占比逐渐增大。混杂纤维混凝土侧向应变和轴向应变比的变化主要是混凝土热损伤后微观结构的变化。在高温环境下，混凝土内部发生物理和化学变化，导致混凝土内部产生大量的微细观裂纹。在外部载荷的作用下，这些热损伤裂纹成为剪切裂纹发展的基点，造成混凝土在较低外部载荷下发生剪切破裂。浸水再养护对侧向应变产生了明显的影响。经过浸水再养护后，SW-400 和 PW-400 的曲线向 S-20 和 P-20偏移。根据相关研究[193,217-218]，当侧向/轴向应变比发生明显变化时，混凝土基体裂纹在该应力水平被激活，定义为混凝土裂纹的起始应力（f_{inT}）。在本章中，起始应力是应力-侧向/轴向应变比曲线首次显著偏离初始线性增长时的应力。

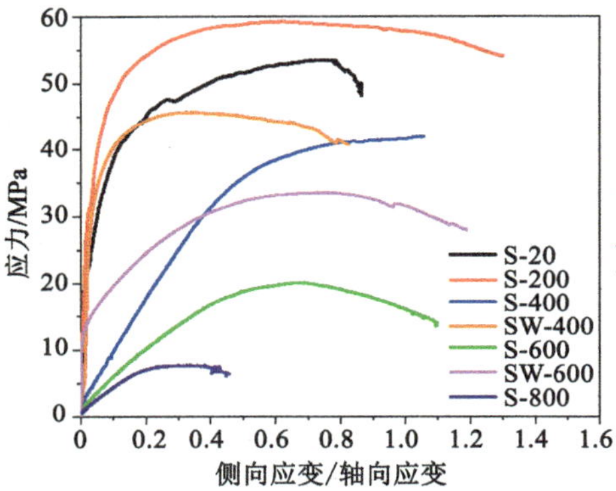

（a）S

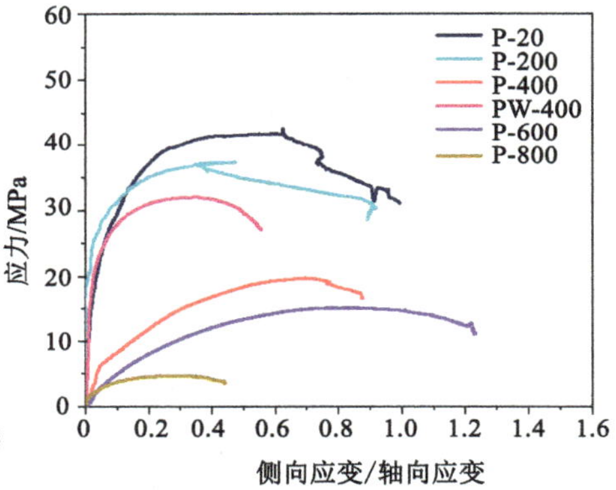

（b）P

图 5-12　混凝土侧向/轴向应变比随施加应力的变化

通过分析起始应力（f_{inT}）和临界应力（f_{criT}）可以定量评估高温和浸水再养护化对混凝土力学性能和断裂过程的影响。根据相关研究，临界应力与混凝土试样的体积变化有关，标志着混凝土不稳定裂纹扩展的开始。本章中临界应力对应于应力-体积应变曲线上的最小体积应变点。图 5-13 比较了混杂纤维混凝土 S[图 5-13(a)]和混杂纤维混凝土 P[图 5-13(b)]在不同测试条件下的起始应力和临界应力。

温度高于 200 ℃时，混杂纤维混凝土 S 的临界应力和初始应力随着温度的升高而下降，其中临界应力下降更显著，如图 6-13(a)所示。这表明随着热损伤

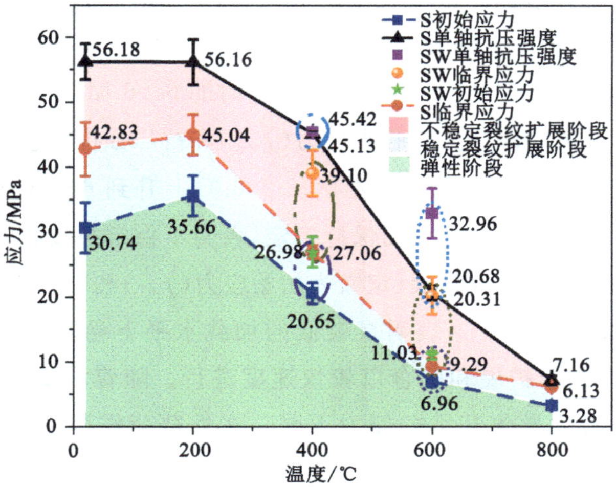

（a）混杂纤维混凝土S

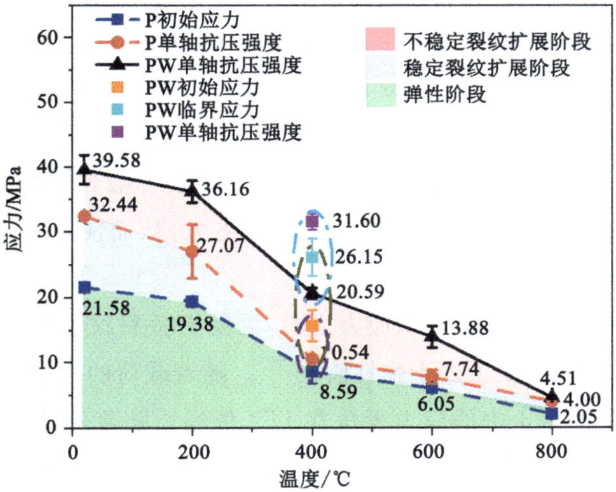

（b）混杂纤维混凝土P

图 5-13　混杂纤维混凝土 S 和 P 的起始应力（f_{inT}）、临界应力（f_{criT}）和抗压强度（f_{CT}）

程度的增加，混杂纤维混凝土在较低的载荷水平下即进入到不稳定裂纹扩展阶段。随着温度的增加，混凝土内部微细观裂纹数量增加，导致混凝土在较低载荷水平下出现微细观裂纹的快速扩展和融合，从而使得混凝土在承受较低载荷时即进入不稳定裂纹扩展阶段。值得注意的是，温度在 20 ℃到 200 ℃时，临界应力和起始应力略有增加。这主要是因为蒸汽压力激活混凝土中未水化水泥颗粒的再水化反应，减少了混凝土的原始缺陷。初始应力和临界应力从 400 ℃时的 35.66 MPa 和 45.04 MPa 下降到 600 ℃时的 6.96 MPa 和 9.29 MPa。

不稳定裂纹扩展阶段定义为临界应力（f_{criT}）和抗压强度（f_{CT}）之间的区域，如图 5-13 中的粉红色区域所示。当温度从 200 ℃上升到 600 ℃时，f_{criT} 和 f_{CT} 之间的区域随着抗压强度的降低而保持稳定，表明不稳定裂纹扩展阶段在峰前阶段有增加。但稳定的裂纹扩展（定义为初始应力（f_{inT}）和临界应力（f_{criT}）之间的区域）出现显著的收缩。这表明在较低的加载水平下稳定的裂纹扩展被激活，混凝土内部裂纹的扩展和融合以较快速度进行。随着温度的升高，混凝土微观结构的损伤劣化导致其承载能力下降。在外载荷作用下，微裂纹扩展融合，形成宏观裂纹，并在较低载荷水平下进入不稳定裂纹扩展阶段。

浸水再养护能够部分恢复初始应力和临界应力并延长稳定裂纹扩展阶段[图 5-13(a)]。浸水再养护后，S-400 的起裂应力和临界应力从 20.65 MPa 和 26.98 MPa 增加到（SW-400）27.06 MPa 和 39.10 MPa。600 ℃ 时，SW-600 产生更明显的恢复效果。这主要是浸水再养护所产生的再水化产物，特别是 C—S—H，对混凝土微观结构中的微裂纹进行填充，增强了微观结构的整体性和强度。在更高温度下，混凝土水化产物分解程度更大，从而使得浸水养护阶段更多的热分解产物参与再水化反应。

对于混凝土微观结构，在初始应力之前，混凝土微裂纹主要在 ITZ（混凝土中的薄弱区域）扩展，混凝土处于弹性阶段[33]。随着载荷的增加，微裂纹在 ITZ 处扩展融合，导致混凝土中的应力无法在 ITZ 传递。随着外部载荷的增加，一部分应力转向到混凝土基体中，使得裂纹在混凝土基质中扩展融合，激活了混凝土的稳定裂纹扩展阶段。当混凝土中添加混杂纤维时，混杂纤维抑制了裂纹的扩展并能够在裂纹之间传递应力，降低了裂纹尖端的应力集中程度，从而延长了混凝土稳定裂纹扩展阶段。混凝土基体中裂纹的稳定扩展使其应力-应变曲线的曲率略微增加。随着载荷的增加，纤维与混凝土发生脱黏，钢纤维对裂纹抑制作用降低。混凝土内部裂纹快速扩展，微观结构发生大范围损伤破坏，导致其应力-应变曲线曲率急剧增大，混凝土进入不稳定裂纹扩展阶段。在高温环境下，特别是在 200 ℃以上的温度时，混凝土内高蒸汽压、热应力和水化产物分解增加了 ITZ 和混凝土基体中的原始裂纹。随着温度的升高，混杂纤维混凝土 ITZ 的完整性和强度降低，导致混杂纤维混凝土初始应力降低。水化产物的分解使微观结构产生明显损伤，削弱了纤维与混凝土之间的黏结强度，导致稳定裂纹扩展阶段急剧收缩。

浸水再养护对热损伤混杂纤维混凝土的微观结构损伤具有一定的修复作用。浸水再养护过程中，热分解产物发生水化反应，生成 C—S—H、$CaCO_3$ 等水化产物。重新生成的水化产物填充热损伤混凝土中的微裂纹和微孔隙，部分修复热损伤混凝土的微观结构，从而提高微观结构的完整性和强度，进而实现热损伤混凝土力学性能的提升。

5.3.4　热损伤混杂纤维混凝土断裂韧性

断裂韧性是评价混凝土在载荷作用下吸能能力的参数，可以通过对载荷-位移曲线下方的面积进行积分得到[见式(5-8)]。

$$T=\int_0^x P(x)\mathrm{d}x \tag{5-8}$$

式中，x 是压力传感器的位移，mm；$P(x)$是施加的载荷，kN。

本章考虑了峰值载荷时热损伤混杂钢纤维的断裂韧性(T_p)。不同测试条件的混杂纤维混凝土的断裂韧性如图 5-14 所示。

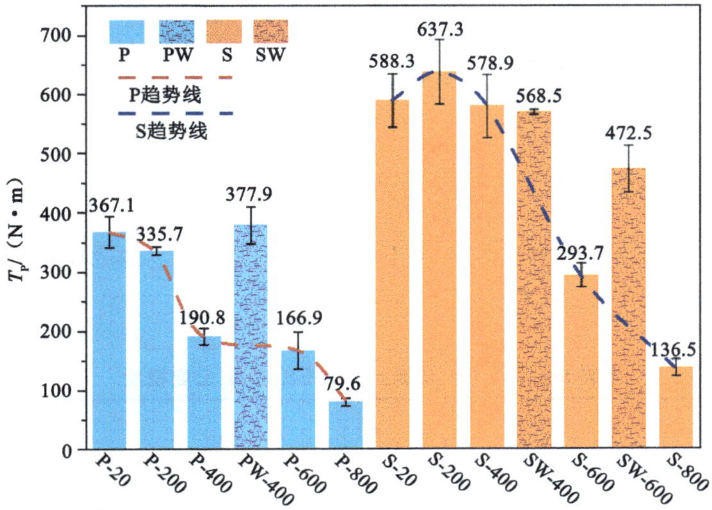

图 5-14　两种混杂纤维混凝土在不同测试条件下的断裂韧性

热损伤混杂纤维混凝土的断裂韧性随着温度的升高而降低。对于混杂纤维混凝土 S，当温度低于 400 ℃时，混凝土的断裂韧性约为 600 N·m，与室温下混杂纤维的断裂韧性相近。这种现象表明 400 ℃以下温度对混杂纤维混凝土断裂韧性增强效果并未出现明显劣化。当温度升高到 600 ℃和 800 ℃时，混杂纤维的断裂韧性分别下降 49.3%和 76.4%，降低至 293.7 N·m 和 136.5 N·m。对于包含聚丙烯纤维的混杂纤维混凝土 P，其断裂韧性的发展趋势与混杂纤维混凝土 S 略有不同。当温度为 200 ℃，混杂纤维混凝土 P 的断裂韧性出现小幅下降。当温度升高至 400 ℃时，混凝土的断裂韧性下降 48.0%，降低至 190.8 N·m。400 ℃温度范围内，两种混杂纤维混凝土断裂韧性的差异主要是由两种短纤维的热稳定差异造成的。聚丙烯纤维的热稳定性比短波浪形钢纤维差。当温度超过聚丙烯纤维的熔点时，混杂纤维混凝土中的聚丙烯纤维熔化蒸发，从而失去了对微细观裂纹扩展的抑制作用，导致混凝土内部微裂纹在较低载荷下发生快速扩展。

浸水再养护提高了热损伤混杂纤维混凝土的吸收能量能力。浸水再养护使 400 ℃热损伤纤维混凝土的断裂韧性恢复到未受热损伤水平。对于 600 ℃的热损伤纤维混凝土，浸水再养护产生了更加明显的修复效果，断裂韧性从 293.7 N·m(S-600)增加到 472.5 N·m(SW-600)，达到 S-20 的 80%。

5.4 热损伤混杂纤维混凝土应力-轴向应变关系预测

5.4.1 预测模型构建

研究人员提出了多种单轴压缩下混凝土应力-应变关系预测模型，其中代表性预测模型列于表 5-4 中。

表 5-4 代表性混凝土单轴压缩应力-应变模型

Sargin et al. [219]	$\dfrac{\sigma}{f_c}=\dfrac{\left[A\dfrac{\varepsilon}{\varepsilon_p}+(B-1)\left(\dfrac{\varepsilon}{\varepsilon_p}\right)^2\right]}{\left[1+(A-2)\dfrac{\varepsilon}{\varepsilon_p}+B\left(\dfrac{\varepsilon}{\varepsilon_p}\right)^2\right]}$	$A=\dfrac{E_{in}}{E_P}$ $B=0.65-7.25f_c\times10^{-3}$

表 5-4(续)

Wang et al.[220]	$\dfrac{\sigma}{f_c}=\dfrac{\left[A\dfrac{\varepsilon}{\varepsilon_p}+B\left(\dfrac{\varepsilon}{\varepsilon_p}\right)^2\right]}{\left[1+C\dfrac{\varepsilon}{\varepsilon_p}+D\left(\dfrac{\varepsilon}{\varepsilon_p}\right)^2\right]}$	A,B,C,D 是控制应力-应变曲线峰前和峰后曲线形状的参数
Van Gysel et al.[221]	$\dfrac{\sigma}{f_c}=\begin{cases}\dfrac{\left[N\dfrac{\varepsilon}{\varepsilon_p}-N\left(\dfrac{\varepsilon}{\varepsilon_p}\right)^2\right]}{\left[1+(N-2)\dfrac{\varepsilon}{\varepsilon_p}\right]}, 0\leqslant\dfrac{\varepsilon}{\varepsilon_P}\leqslant K\\ \dfrac{1}{\left[1+\left[\dfrac{\varepsilon-\varepsilon_P}{(K-1)\varepsilon_P}\right]^2\right]}, K\leqslant\dfrac{\varepsilon}{\varepsilon_P}\end{cases}$	$N=\dfrac{E_{in}}{E_P}$ $K=0.5[(0.5N+1)+((0.5N+1)^2-2)^{0.5}]$
Popovics et al.[222]	$\dfrac{\sigma}{f_c}=\dfrac{\beta\dfrac{\varepsilon}{\varepsilon_P}}{\beta-1+\left(\dfrac{\varepsilon}{\varepsilon_P}\right)^\beta}$	$\beta=\dfrac{1}{1-\dfrac{f_c}{\varepsilon_P E_{in}}}$
Tomaszewicz et al.[223]	$\dfrac{\sigma}{f_c}=\begin{cases}\dfrac{\beta\dfrac{\varepsilon}{\varepsilon_P}}{\beta-1+\left(\dfrac{\varepsilon}{\varepsilon_P}\right)^\beta}, & 0\leqslant\dfrac{\varepsilon}{\varepsilon_P}\leqslant 1\\ \dfrac{\beta\dfrac{\varepsilon}{\varepsilon_P}}{\beta-1+\left(\dfrac{\varepsilon}{\varepsilon_P}\right)^{k\beta}}, & \dfrac{\varepsilon}{\varepsilon_P}\geqslant 1\end{cases}$	$\beta=\dfrac{8.32}{8.32-(f_c)^{0.475}}$ $k=\dfrac{f_c}{20}$
Tsai et al.[224]	$\dfrac{\sigma}{f_c}=\dfrac{m\dfrac{\varepsilon}{\varepsilon_P}}{1+\left(m-\dfrac{n}{n-1}\right)\dfrac{\varepsilon}{\varepsilon_P}+\left(\dfrac{1}{n-1}\right)\left(\dfrac{\varepsilon}{\varepsilon_P}\right)^n}$	$m=1+\dfrac{17.9}{f_c}$ $n=\dfrac{f_c}{6.668}-1.85$
Wee et al.[225]	$\dfrac{\sigma}{f_c}=\dfrac{n\beta\dfrac{\varepsilon}{\varepsilon_P}}{n\beta-1+\left(\dfrac{\varepsilon}{\varepsilon_P}\right)^{m\beta}}$	$\beta=\dfrac{1}{1-\dfrac{f_c}{\varepsilon_P E_{in}}}$　$m=1,n=1$　$f_c\leqslant 50$ $m=\left(\dfrac{50}{f_c}\right)^3,n=\left(\dfrac{50}{f_c}\right)^{1.3}$　$f_c\geqslant 50$
Desayi et al.[226]	$\dfrac{\sigma}{f_c}=\dfrac{3\dfrac{\varepsilon}{\varepsilon_P}}{2+\left(\dfrac{\varepsilon}{\varepsilon_P}\right)^3}$	

以上模型可以对热损伤混凝土应力-应变进行预测分析。文献[219-221]中提出的模型可以有效地预测未损伤和热损伤混凝土的应力-应变关系，但模型相关参数不易确定。文献[222-224]中提出的预测模型更简单，为热损伤混凝土的峰后曲线提供了易于确定的参数。但是对于热损伤混杂纤维混凝土，高温和混杂纤维均对混凝土的单轴压缩力学行为产生影响，导致混杂纤维混凝土应力-应变曲线与素混凝土应力-应变曲线的明显差异。从整体上看，现有预测模型难以对热损伤混杂纤维混凝土的单轴压缩应力-应变曲线进行准确预测。为了实现对热损伤混杂纤维混凝土单轴压缩力学应力-应变曲线的准确预测，需要对现有预测模型进行改进。本章中采用 Wee 等提出的模型作为预测热损伤混凝土应力-应变关系预测的基本模型。为了提高准确性，对相关参数进行了修正，具体如下：

$$\sigma = \frac{n_1\beta \frac{\varepsilon}{\varepsilon_{PT}}}{n_1\beta - 1 + \left(\frac{\varepsilon}{\varepsilon_{PT}}\right)^{n_2\beta}} f_{CT} \tag{5-9}$$

$$\beta = \frac{1}{1 - \frac{f_{CT}}{\varepsilon_{PT} E_{inT}}} \tag{5-10}$$

式中，σ 为轴向应力，MPa；ε 为轴向应变；f_{CT} 为热损伤混杂纤维混凝土的单轴抗压强度；ε_{PT} 为热损伤混凝土在峰值载荷下的应变；β 为材料参数，与应力-应变曲线形状有关；E_{inT} 为初始切线模量；n_1 和 n_2 为与温度相关的参数，可根据测试结果确定，具体如式(5-11)和(5-12)所示：

混杂纤维混凝土 S：

$$n_1 = n_2 = 1, \qquad 0 \leqslant \frac{\varepsilon}{\varepsilon_{PT}} \leqslant 1$$

$$\left.\begin{aligned} n_1 &= 0.80 + 0.94\sin\left(\pi\left(\frac{T+147.38}{318.89}\right)\right) \pm 0.03 \\ n_2 &= 0.67 + 0.73\sin\left(\pi\left(\frac{T+154.40}{341.37}\right)\right) \pm 0.03 \end{aligned}\right\} \quad \frac{\varepsilon}{\varepsilon_{PT}} \geqslant 1 \tag{5-11}$$

混杂纤维混凝土 P：

$$n_1 = n_2 = 1, \qquad 0 \leqslant \frac{\varepsilon}{\varepsilon_{PT}} \leqslant 1$$

$$n_1 = \begin{cases} 0.63 + 1.78\left(\dfrac{T}{1\,000}\right) - 2.58\left(\dfrac{T}{1\,000}\right)^2 \pm 0.02 \\ \qquad 20 \leqslant T \leqslant 400 \\ 6.08 - 19.1\left(\dfrac{T}{1\,000}\right) + 15.46\left(\dfrac{T}{1\,000}\right)^2 \pm 0.02 \\ \qquad 400 \leqslant T \leqslant 800 \end{cases} \qquad \frac{\varepsilon}{\varepsilon_{PT}} \geqslant 1 \tag{5-12}$$

$$n_2 = \begin{cases} 0.67 + 0.92\left(\dfrac{T}{1000}\right) \pm 0.03 \\ \qquad 20 \leqslant T \leqslant 400 \\ 1.98 - 2.56\left(\dfrac{T}{1000}\right) \pm 0.03 \\ \qquad 400 \leqslant T \leqslant 800 \end{cases}$$

5.4.2 预测效果分析

对于给定的混杂纤维混凝土，f_{C20}、ε_{PT} 和 E_{in20} 可以通过实验室测试确定。f_{CT}、ε_{PT}、E_{inT}、n_1 和 n_2 可以由式(5-2)～式(5-7)和式(5-9)～式(5-12)获得。基于以上相关参数，可以确定热损伤混杂纤维混凝土的应力-应变曲线。图5-15显示了预测应力-应变曲线与试验结果的比较。可以看出，该模型能够对热损

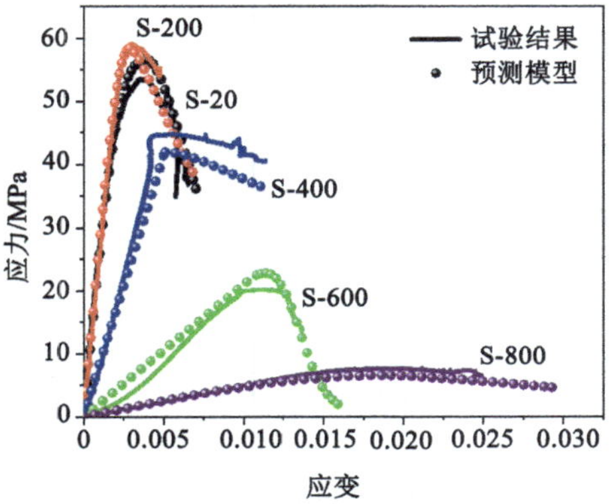

(a) 混杂纤维混凝土S

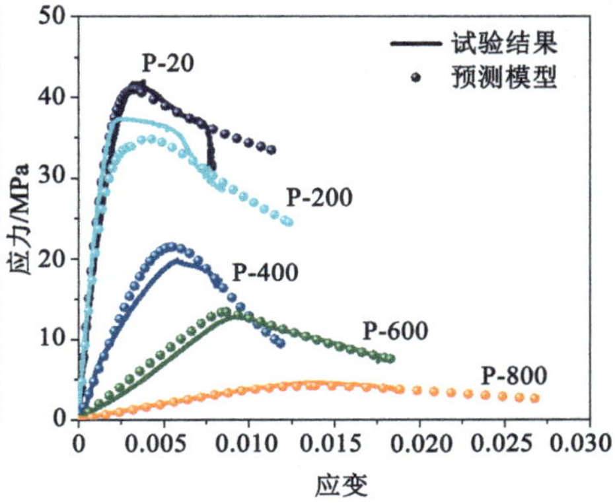

(b) 混杂纤维混凝土P

图5-15 预测应力-应变曲线与试验结果比较

伤混杂纤维混凝土的应力-应变曲线进行良好的预测。某些测试条件下(例如S-400和P-200)的差异是由于f_{CT}和ε_{PT}的误差造成的,但应力差低于10%。

为了评价该模型对浸水再养护热损伤混凝土的有效性,预测应力-应变曲线与试验结果曲线如图5-16所示。根据试验数据,采用表5-5的关系式进行预测。

表5-5 SW-400、SW-600和PW-400应力应变曲线预测参数

SW-400	SW-600	PW-400
$f_{cW400}=f_{c400}$	$f_{cW600}=1.4f_{c600}$	$f_{cW400}=1.5f_{c400}$
$\varepsilon_{PW400}=0.9\varepsilon_{P400}$	$\varepsilon_{PW600}=0.56\varepsilon_{P400}$	$\varepsilon_{PW400}=\varepsilon_{P400}$
$E_{inW400}=2.4E_{inW400}$	$E_{inW600}=5.0E_{in600}$	$E_{inW400}=2.5E_{inW400}$
$n_{1-W400}=0.6n_{1-20}$	$n_{1-W600}=n_{1-20}$	$n_{1-W400}=n_{1-20}$
$n_{2-W400}=0.75n_{2-20}$	$n_{2-W600}=n_{2-20}$	$n_{2-W400}=1.1n_{2-20}$

f_c为抗压强度;ε_p为峰值应变;E_{in}为初始弹性模量;n_1和n_2是式(5-9)中的参数。

如图5-16所示,该模型对PW-400具有良好的预测,但对SW-400和SW-600则不然。部分预测结果与试验值不一致主要是由于相关参数是根据有限的试验数据获得,精度较低。因此,需要更多的试验数据来提高浸水再养护热损伤混杂纤维混凝土模型的准确性。

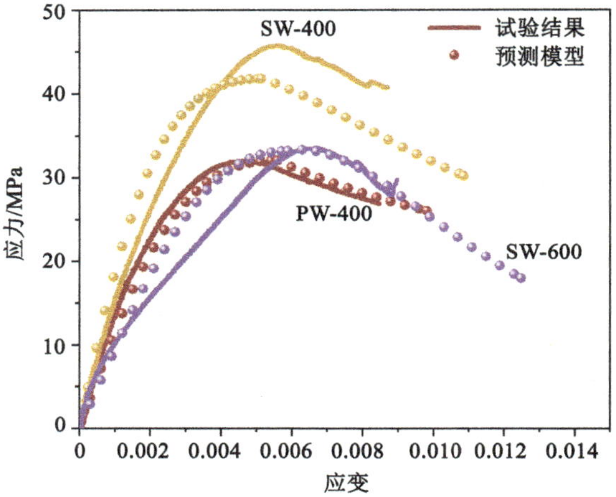

图5-16 浸水再养护热损伤混凝土的应力-应变预测曲线与试验结果曲线比较

5.5 小　　结

本章分析高温和浸水再养护对两种混杂纤维混凝土单轴压缩力学性能的影响。根据分析结果，可以得出以下结论：

(1) 200 ℃以上的高温降低了两种混杂纤维混凝土的抗压强度、初始弹性模量、峰值应变和断裂韧性。包含高强短波浪形钢纤维(S)的混杂纤维混凝土比包含聚丙烯纤维的混杂纤维混凝土在高温影响下具有更好的单轴抗压力学性能。

(2) 在 200 ℃以上，混杂纤维混凝土的裂纹初始应力和临界应力随着温度的升高而降低。当温度从 200 ℃升高到 600 ℃时，稳定裂纹扩展阶段缩短，而不稳定裂纹扩展阶段延长。包含短波浪形钢纤维(S)的混杂纤维混凝土比包含聚丙烯纤维的混杂纤维混凝土具有更高的初始应力和临界应力。浸水再养护能够部分恢复热损伤混凝土裂纹初始应力和临界应力，延长稳定裂纹扩展阶段。

(3) 改进的预测模型可以有效地预测两种热损伤混杂纤维混凝土的应力-应变曲线。但对于浸水再养护热损伤混杂纤维混凝土的应力-轴向应变曲线的预测还需要改进，需要更广泛的试验数据提升所需的参数的准确性。

第6章　热损伤混杂纤维混凝土弯曲力学响应特性研究

火灾是混凝土建筑最严重的潜在风险之一[58]。混凝土构筑物在经受火灾或高温后其力学性能产生明显降低，影响混凝土构筑物的稳定性。随着混凝土在建筑工程中的广泛应用，火灾引发的混凝土建筑结构倒塌发生次数不断增加。一些混凝土建筑火灾事故造成了灾难性的后果。因此从1920年Lea和Stradling的研究[65,227]之后，混凝土的耐火性能受到工程人员和研究人员的重视。

素混凝土含有大量原生微裂纹，这些微裂纹在载荷作用下会快速扩展，导致混凝土结构发生脆性破坏[33]。当混凝土在高温环境中时，微观结构产生损伤劣化。一方面，混凝土致密的微观结构抑制了物理和化学水的蒸发，导致混凝土中形成较高的蒸汽压[58]。另一方面，混凝土热传导性较差，在高温环境中，从混凝土表面到中心形成一个较高的热梯度，导致混凝土内部产生较高的热应力。温度升高速率越快，混凝土内部的热应力越高。当混凝土内部的蒸汽压和热应力达到一定程度，混凝土内部微观裂纹萌发扩展被激活。随着温度的升高，混凝土内部宏细观裂纹形成并快速扩展，最终导致混凝土发生崩裂剥落或整体性破坏[66,84]。同时高温环境下混凝土水化产物发生热分解反应。当温度超过一定水平时[196-197]，混凝土水化产物会发生脱水分解，微观结构发生破裂，导致混凝土的承载能力大幅降低。采用合适的方法降低高温环境下混凝土内部的蒸汽压和热应力是提升混凝土抗火性能的重要途径。

相关研究[66,199,228-230]表明聚丙烯纤维的添加能够有效地降低高温环境下混凝土的热损伤，特别是在减少高温下混凝土的爆裂具有良好的效果。这种作用主要与高温下聚丙烯纤维的熔化和蒸发有关。但聚丙烯纤维的添加对混凝土的弯曲强度不产生明显的增强作用。钢纤维，特别是混杂钢纤维，能够有效抑制弯曲载荷下混凝土裂纹扩展，提升混凝土的弯曲强度、断裂韧性等[231-233]。但是，钢纤维对混凝土耐火性能的影响还存在一些争议[201-202,234-235]。一方面，具有高弹性模量和高熔点的钢纤维可以桥接混凝土内部裂纹，从而抑制高蒸汽压和热应力导致的混凝土裂纹的扩展。另一方面，钢纤维具有良好的导热性能，能将外部热量传递到混凝土内部，降低混凝土内部的热应力。因此，含有钢纤维的混凝土在高温下比普通混凝土具有更高的拉伸相关强度。但是，钢纤维的添加在混凝土中引入了更多的孔隙和微裂纹，增加了裂纹在高温下扩展的机会。此外，钢纤维和混凝土基体之间的不同热膨胀会在钢纤维附近的混凝土基体中产生微裂缝。这些微裂纹和微孔隙的存在降低了混凝土微观结构的整体性，降低了混凝土的整体强度。

研究表明，混杂纤维的添加能够提升混凝土的抗火性能[72,236-238]。然而，关于包含钢纤维的混杂纤维混凝土的耐火性能的研究相对较少[239]。纤维混杂类型对热损伤混凝土断裂过程和弯曲性能的影响尚不明确。此外，现有的消防设计规范[74,240-242]是基于素混凝土抗火性能制定的，因此将其应用于混杂纤维混凝土构筑物防火设计存在一定的局限性。混杂纤维的存在改变了混凝土的微观结构，从而对高温环境下混凝土的力学行为和失效形式产生一定的影响。为了实现对混杂纤维混凝土构筑物抗火性能优化设计和安全性评估，需要对高温环境下混杂纤维混凝土的热力学行为进行深入的研究。

火灾后热损伤混凝土建筑的修复问题是现在研究的一个热门研究方向。对于部分热损伤混凝土建筑物，采用适当的修护方法对热损伤混凝土构筑物进行修复并使其达到安全水平能够有效降低混凝土的消耗。浸水再养护法是一种技术简单且经济可行的热损伤混凝土修复方法。在火灾或高温环境中，混凝土水化产物发生热分解反应，生成与原始水泥相似的复合材料。在浸水养护阶段，热分解产物发生水化反应，重新生成水化产物。浸水养护阶段生成的水化产物能够部分充填热损伤裂纹，从而部分恢复热损伤混凝土的力学性能。但是相关研究在浸水养护对热损伤混凝土修复效果方面存在争议[95,130,203-204]。因此对热损伤混杂纤维混凝土浸水再养护效果进行更深入的研究对火灾后混凝土建筑物修复有着重要的意义。

本章通过对混杂纤维混凝土试样开展三点弯曲试验,研究纤维混杂形式、温度和浸水再养护对混杂纤维混凝土弯曲性能和断裂形式的影响。比较分析混杂纤维混凝土 S 和 P 的损伤程度、弯曲强度、残余弯曲强度、断裂韧性和断裂过程,确定了不同混杂纤维对混凝土抗火性能的影响。最后,分析了浸水再养护对热损伤混杂纤维混凝土性能的影响。

6.1 高温下混凝土水化产物热分解分析

6.1.1 试样制备与测试方法

本章使用的混杂纤维混凝土材料与第 5 章相同。实验室测试加热前后混凝土 28 d 龄期抗压强度和Ⅰ型弯曲断裂强度。根据 EN 12390-3:2019,在实验室温度(约 23 ℃)下对尺寸为直径×高度=100 mm×200 mm 的圆柱体进行压缩测试,具体结果见第 6 章。

根据 EN 14651:2005+A1:2007,对不同条件下的混杂纤维混凝土开展三点弯曲试验(见表 6-1)。试验采用切口张开位移(CMOD)控制方式。CMOD 达到 0.1 mm 之前,CMOD 张开速度为 0.05 mm/min,当 CMOD 超过 0.1 mm 后,CMOD 张开速度调整为 0.2 mm/min。

表 6-1 测试组别

测试组 ID	温度/℃	浸水养护	测试组 ID	温度/℃	浸水养护
S-20	20	NO	PW-400	400	YES
P-20	20	NO	P-600	600	NO
S-200	200	NO	PW-600	600	YES
P-200	200	NO	S-600	600	NO
S-400	400	NO	SW-600	600	YES
SW-400	400	YES	P-800	800	NO
P-400	400	NO	S-800	800	NO

弯曲试验采用长×宽×高=600 mm×65 mm×150 mm 的长方体试样。在试样的中间下部位置切割深度×宽度=25 mm×5 mm 的切口。弯曲试验支

撑距离为 500 mm。对于每种测试环境下的混凝土进行三次重复。采用数字图像相关(DIC)方法监测断裂过程。在 DIC 监测区域试样表面喷涂黑色哑光漆。试验过程中利用相机(尼康 D800)获取试样断裂过程图像,该相机配备焦距为 24～85 mm 的可调节镜头,相机放置于距离试样表面约 30 厘米并与试样表面垂直位置。在试验过程中相机以 1 Hz 的频率采集图像,图像分辨率为 5 520×3 680 像素,比例因子为 5.78 μm/像素。试验装置如图 6-1 所示。

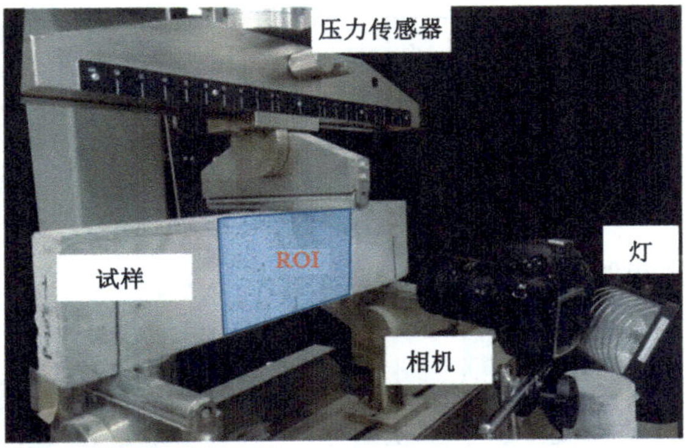

图 6-1　弯曲测试试验装置

为了对不同温度和养护环境下混杂纤维混凝土的损伤程度(DD)进行评估,测试按照 EN 12504-4:2021 对高温前后和浸水养护后的试样的轴向超声波脉冲速度进行探测。此外,对每种测试环境下混杂纤维混凝土试样测量其质量变化,分析不同测试环境下混凝土水分蒸发量。借助 X 射线衍射(XRD)分析不同温度和浸水再养护环境下混凝土水化产物 C—S—H 的变化。

6.1.2　高温和浸水再养护条件下混凝土水化产物变化

XRD 分析能够识别样品中的不同化合物的相对含量。对于波特兰水泥,C—S—H 凝胶是其主要的水化产物,也是混凝土微观承载结构的主要组成部分,其含量的变化对混凝土承载性能有着重要的影响。根据 C—S—H 的化学组成,C—S—H 是一种无定形化合物,其 X 射线衍射角在 28°～30°(2θ) 范围内[243]。图 6-2 显示了混杂纤维混凝土 S 在经受高温后的 C—S—H 的 XRD 测量结果(由于测试错误,图中未包含 S-200)。当温度升高到 400 ℃及以上时,C—S—H 的含量降低。常温下,C—S—H 强度较高,说明 C—S—H 含量较高。

当温度达到 400 ℃时，C—S—H 的强度急剧下降，降低至 S-20 的 13.9%。这表明大部分 C—S—H 在 400 ℃时发生分解。当温度从 400 ℃升高到 600 ℃时，C—S—H 的含量略有下降。浸水再养护对热损伤混凝土 C—S—H 的恢复产生了积极作用。经过浸水再养护后，600 ℃热损伤混凝土(S-600)的 C—S—H 的强度得到部分恢复，达到 S-20 强度的 20%。在浸水再养护期间，热分解产物 C_nS 与外部环境中的水发生水化反应生成 C—S—H。

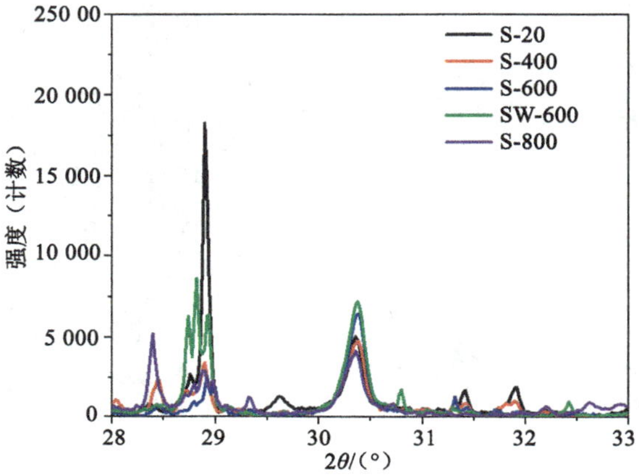

图 6-2　混杂纤维混凝土 S 在不同温度下的 XRD 结果

6.2　高温下混杂纤维混凝土水分蒸发和热损伤规律

6.2.1　高温和浸水再养护对混凝土水分蒸发影响规律

混凝土含有三种不同的水：毛细管水、凝胶水和化学结合水[84,205]。随着温度的升高，混凝土中的水分蒸发，引起混凝土物理(孔隙和微观结构)和化学变化(C—S—H 脱水)。这些变化导致混凝土力学性能的劣化。

图 6-3 显示了不同测试条件下混杂纤维混凝土的水分蒸发情况。对于混杂纤维混凝土 P，其经过高温后的质量变化主要是由混凝土中的水分和聚丙烯纤维的蒸发引起。对混杂纤维混凝土 P 和 S，混凝土水分蒸发率均随着温度升高呈现线性增长。当温度从 20 ℃升高到 400 ℃ 时。混杂纤维混凝土 S 和 P 的水分蒸发率分别达到 6.51%和 7.36%。在 400 ℃以下时，混凝土基体中孔隙、

界面过渡区（ITZ）和骨料中的毛细水很容易蒸发[244-245]。当温度超过 200 ℃时，混凝土中 C—S—H 开始分解[246-247]。在此温度下，C—S—H 层间凝胶水蒸发。由于 C—S—H 是无定形结构化合物，因此凝胶水的蒸发在较广的温度范围内进行。当温度达到 500 ℃时，部分水化产物开始（例如氢氧化钙和骨料）发生分解，这些水化产物中的化学结合水开始蒸发。

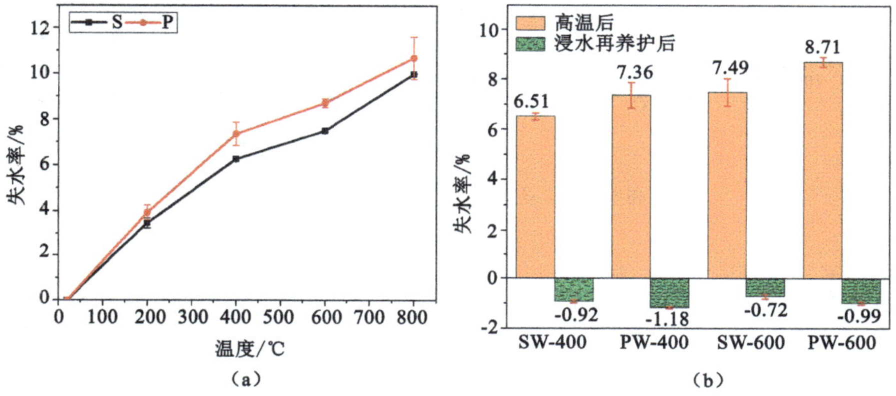

图 6-3 水分蒸发率

（差线显示 3 个试样的标准差）

值得注意的是，包含聚丙烯纤维的混杂纤维混凝土的水分蒸发率高于仅包含钢纤维混凝土的水分蒸发率。这主要是由于当温度超过聚丙烯纤维熔点后，混杂纤维混凝土 P 中的聚丙烯纤维熔化蒸发。同时聚丙烯纤维的蒸发为混凝土中水分蒸发提供了额外的通道，加快了混凝土中水分的蒸发。

浸水再养护后混凝土水分蒸发率如图 6-3(b)所示。浸水再养护后热损伤混凝土的水分蒸发率降低。在浸水养护期间，混凝土的热分解产物发生再水化反应，生成 C—S—H、$Ca(OH)_2$、$Ca(CO_3)$等水化产物，增加了混凝土的含水率。此外，经过浸水再养护后，混凝土中的孔隙和裂纹被自由水填充，增加了热损伤混杂纤维混凝土自由水的含量。

6.2.2 高温和浸水再养护对混凝土热损伤程度影响规律

本章中采用与第 5 章相同的超声波脉冲法评估不同测试环境下混凝土的热损伤程度，具体结果如图 6-4 所示。

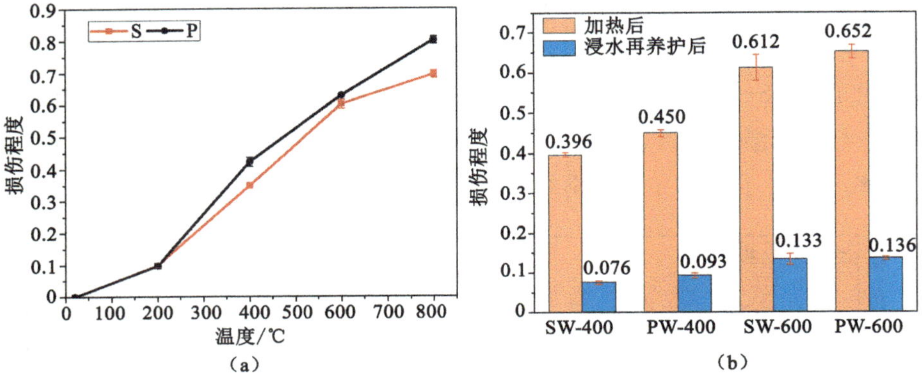

图 6-4　高温(a)和浸水再养护(b)后混凝土热损伤程度

(误差线显示 3 个试样的标准差)

两种混杂纤维混凝土的损伤程度均随着温度的升高而增加，特别是当温度超过 200 ℃ 时[图 6-4(a)]。当温度低于 200 ℃时，混杂纤维混凝土的损伤程度低于 0.1。该温度范围内混凝土损伤主要是由于毛细管水(游离水)的蒸发造成的。当温度超过 200 ℃ 时，混凝土 C—S—H 分解，层间水和化学水蒸发，混凝土中产生微裂纹，导致混凝土损伤程度快速增加。同时，混凝土中较高的蒸汽压力和热应力促使 ITZ 中微裂纹的快速扩展，进一步增加了混凝土的损伤。当温度超过 600 ℃时，混凝土骨料、氢氧化钙和碳酸盐发生分解，导致混凝土裂纹的进一步扩展和贯通。当温度达到 800 ℃时，混杂纤维混凝土的热损伤程度超过 0.7。当温度超过 200 ℃时，包含聚丙烯纤维的混杂纤维混凝土 P 比混杂纤维混凝土 S 产生更高的损伤。这主要是由于聚丙烯纤维在 200 ℃以上高温时熔化蒸发，失去了对混凝土内部裂纹扩展的抑制作用。

图 6-4(b)显示了浸水再养护对热损伤混杂纤维混凝土损伤的修复效果。浸水再养护后混杂纤维混凝土的损伤程度明显降低。对于 400 ℃和 600 ℃热损伤混杂纤维混凝土 S，经过浸水再养护后其损伤程度分别从 0.396 和 0.612 降低至 0.612 和 0.133。混杂纤维混凝土 P 具有相似情况。在浸水再养护期间，混凝土热分解产物发生水化反应，重新生成 C—S—H 和 $CaCO_3$ 等水化产物。这些水化产物能够填充热损伤混杂纤维混凝土中的裂纹，增加热损伤混凝土的整体性，从而降低混凝土的热损伤程度。

图 6-5 显示了混杂纤维混凝土 P 加热和浸水再养护后试样表面的裂纹情

况。可以看出,混杂纤维混凝土试样表面裂纹数量、裂纹宽度和长度等均随着温度升高而增加。当温度从 400 ℃升高到 800 ℃时,混凝土裂纹快速扩展并连接。这种变化与混凝土损伤程度的变化趋势一致。当温度超过 400 ℃时,混凝土中大量的水化产物发生热分解,导致混凝土中裂纹快速扩展。浸水再养护对混凝土热损伤裂纹产生明显的修复效果。从图 6-5 可以看出,热损伤混凝土经过浸水养护后混凝土表面裂纹数量和范围明显减小,表明浸水养护对混凝土热损伤裂纹产生了修复。

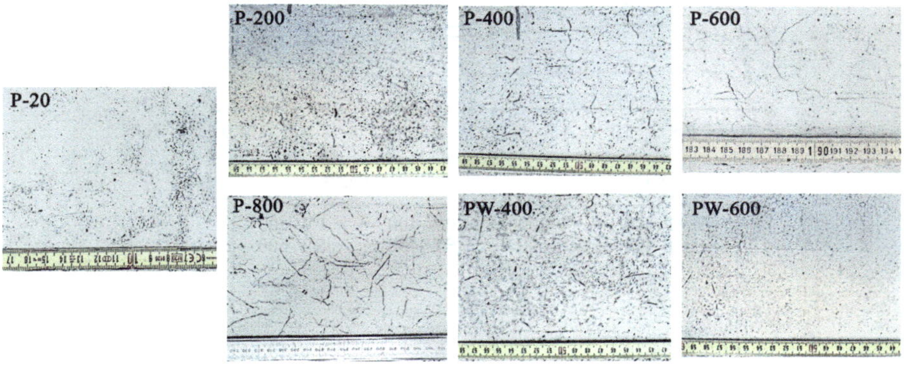

图 6-5　混杂纤维混凝土 P 高温和浸水养护后试样表面裂纹

6.3　热损伤混杂纤维混凝土弯曲力学性能分析

6.3.1　高温和浸水再养护对混凝土弯曲应力-CMOD 曲线影响

根据标准 EN 14651:2005+A1:2007,弯曲应力 f 由方程式(6-1)计算:

$$f=\frac{3Fl}{2bh_{sp}^2} \tag{6-1}$$

式中,F 是载荷;l 是支撑距离(500 mm);b 是试样宽度(65 mm);h_{sp}是切口尖端与试样顶部之间的距离(125 mm)。

图 6-6(a)显示了不同温度下混杂纤维混凝土的弯曲应力-CMOD 曲线。可以看出,高温下含有高强度短波浪形钢纤维的混杂纤维混凝土比含有聚丙烯纤维的混杂纤维混凝土具有更高的弯曲强度。一方面,短波浪形钢纤维与混凝土

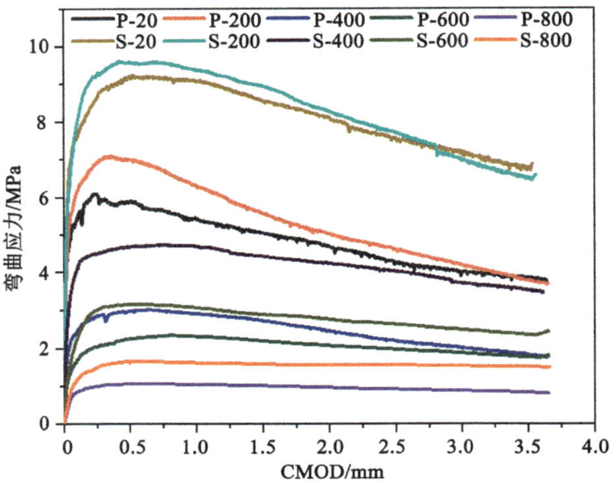

（a）不同温度下的弯曲应力-CMOD曲线

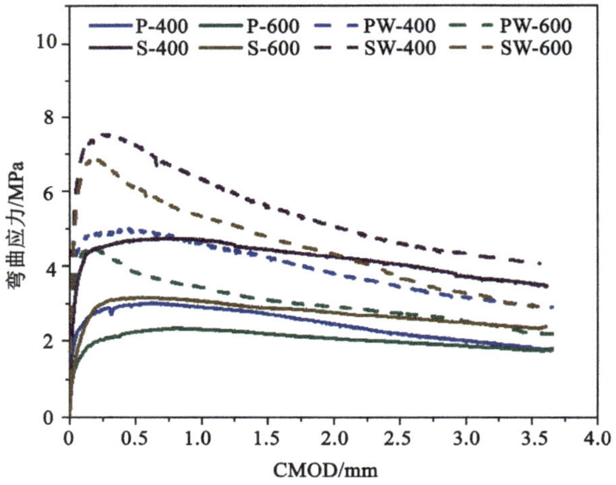

（b）浸水再养护弯曲应力-CMOD曲线

图 6-6　热损伤混凝土弯曲应力-CMOD 曲线

之间有更高的黏结强度，从而比聚丙烯纤维在抑制混凝土微裂纹扩展方面具有明显优势。另一方面，当温度超过 200 ℃时，聚丙烯纤维熔化蒸发，失去对微裂纹扩展的抑制作用。但是，当温度超过 400 ℃时，两种混杂纤维混凝土弯曲强度之间的差异缩小。这主要与混凝土水化产物分解导致纤维与混凝土的黏结强度降低有关。当温度超过 400 ℃时，混凝土中水化产物大量分解，钢纤维附近区域混凝土强度降低，导致钢纤维在较低载荷下即与混凝土发生脱黏，失去对裂纹扩展的抑制作用。对于两种热损伤混杂纤维混凝土，弯曲应力-CMOD 曲线在峰值载荷附近均表现出伪应变硬化行为。这表明混凝土在经受热损伤后，钢纤维依然能够对混凝土中裂纹扩展发挥抑制作用。钩端钢纤维能够桥接混凝土中的宏观裂纹，在裂纹两侧传递弯曲应力，从而降低裂纹尖端应力集中，降低裂纹扩展速度。

浸水再养护提升了热损伤混杂纤维混凝土的弯曲强度[图 6-6(b)]。浸水再养护后热损伤混杂纤维混凝土弯曲强度的恢复主要是由未水化水泥颗粒的二次水化[248]和热分解产物的水化反应产生。浸水再养护阶段生成的水化产物能够填充热损伤混凝土中的裂纹，增加混凝土微观结构的整体性，提升混凝土微观结构的承载能力。同时，钢纤维对裂纹扩展的抑制作用在浸水养护后得到恢复。浸水养护后钢纤维周围的混凝土强度得到部分恢复，提升了混凝土与钢纤维之间的黏结强度。因此，浸水养护后混杂纤维混凝土的热损伤得到部分恢复，其弯曲强度增强。

浸水再养护改变了热损伤混杂纤维混凝土峰后弯曲应力-CMOD 曲线。混杂纤维混凝土经受高温后弯曲应力-CMOD 曲线在峰后阶段表现出平滑的应变软化行为。经过浸水养护后，热损伤混杂纤维混凝土弯曲应力-CMOD 曲线表现出急剧下降变化。这种峰后力学行为的变化与浸水养护对混凝土热损伤修复有关。浸水养护期间产生的水化产物填充混凝土内部的热损伤裂纹，增强了热损伤混杂纤维混凝土的弯曲强度，从而使得混杂纤维混凝土表现出类似脆性断裂的行为。但是与未受热损伤混杂纤维混凝土(S－20 和 P－20)相比，浸水养护阶段生成的水化产物的微观结构相对疏松，强度相对较低，导致在峰后阶段钢纤维与混凝土脱黏，失去对峰后宏观裂纹的抑制作用，从而导致峰后阶段弯曲应力-CMOD 曲线急剧下降。

图 6-7(a)显示了混杂纤维混凝土在不同的环境下的断裂模量(MOR)。MOR 定义为峰值载荷时的弯曲应力。200 ℃以下的温度对混杂纤维混凝土的断裂模量基本不产生影响。当温度从 200 ℃升至 800 ℃ 时，混杂纤维混凝土 S 和混杂纤维混凝土 P 的 MOR 分别从 9.81 MPa 和 7.15 MPa 急剧下降至 1.72 MPa 和 1.07 MPa。这主要是由于混凝土在高温环境下发生了剧烈的热分解反应。值得注意的是，当温度从 200 ℃上升到 400 ℃时，混杂纤维混凝土的 MOR

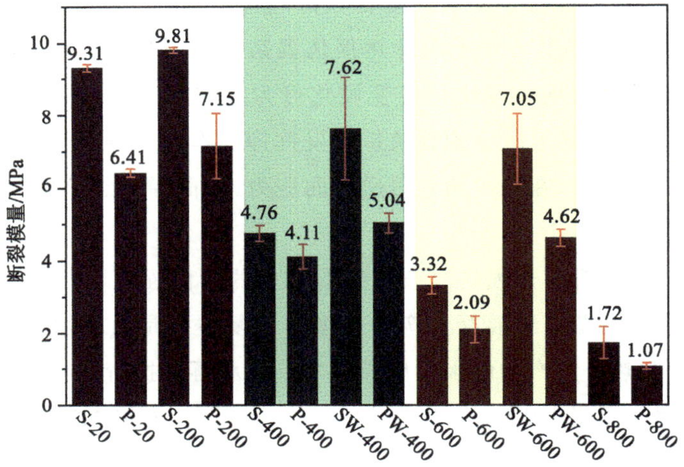

（a）热损伤混杂纤维混凝土断裂模量

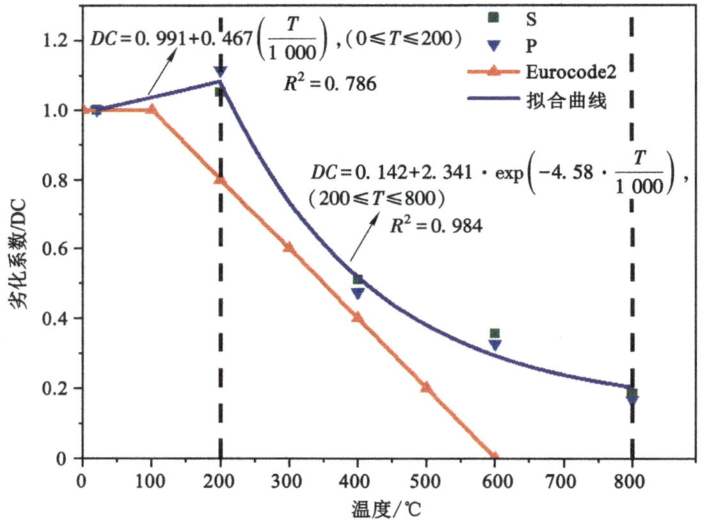

（b）温度与劣化系数之间的关系

图 6-7　热损伤混杂纤维混凝土断裂模量和温度与劣化系数之间的关系

（误差线显示 3 个试样的标准差）

下降了 50%。这是由于混凝土主要微观承载结构 C—S—H 在 200 ℃以上高温时开始发生脱水分解，混凝土中产生大量的微观裂隙，降低了混杂纤维混凝土微观结构的承载能力。因此在外部载荷的作用下混凝土中的微裂纹从 ITZ 快速扩展至混凝土基体中，在混凝土基体中形成宏观裂纹。此外，热损伤降低了钢纤维与混凝土基体的黏结强度，因此在外部载荷作用下钢纤维容易与基体脱黏，失去对裂纹的桥接作用。

浸水再养护对两种热损伤混杂纤维混凝土的 MOR 产生明显的恢复作用。经过浸水再养护后，400 ℃和 600 ℃热损伤混杂纤维混凝土 S 的 MOR 分别从 4.76 MPa和 3.32 MPa 增加到 7.62 MPa 和 7.05 MPa，达到 20 ℃时的81.45%和 75.72%。混杂纤维混凝土 P 也产生了类似的恢复效果。

为了更好地分析高温对混杂纤维混凝土的 MOR 劣化的影响，采用劣化系数(DC)来定量分析高温的影响程度。DC 定义为：

$$\mathrm{DC}=\frac{\mathrm{MOR}_T}{\mathrm{MOR}_{20}} \tag{6-2}$$

式中，MOR_{20}是 20 ℃时的断裂模量，MOR_T 是不同测试环境下的断裂模量。

混杂纤维组合形式对热损伤混杂纤维混凝土的损伤系数未产生明显影响。从整体上看，高温下两种混杂纤维混凝土的损伤系数相近[图 6-7(b)]。在 20 ℃至 800 ℃范围内，混杂纤维混凝土热损伤系数与温度之间存在线性和指数函数关系，具体如式(6-3)所示。

$$\mathrm{DC}=\begin{cases}0.991+0.467\left(\dfrac{T}{1\,000}\right) & (20\leqslant T\leqslant 200),\quad R^2=0.786\\[2ex] 0.142+2.341\exp\left(-4.58\dfrac{T}{1\,000}\right) & (200\leqslant T\leqslant 800),\quad R^2=0.984\end{cases} \tag{6-3}$$

式中，T 是温度；R^2 是相关系数。

图 6-7(b) 对比了试验结果与欧洲标准(Eurocode2)的 DC。从图中对比可以看出，欧洲标准低估了混杂纤维增强混凝土在高温下的弯曲力学性能，尤其是对于 600 ℃以上的温度。本章中提出的拟合式(6-3)能够对 20 ℃到 800 ℃范围内混杂纤维混凝土的弯曲力学性能进行良好的预测。

6.3.2　高温和浸水再养护对混凝土残余弯曲强度和韧性影响

残余弯曲强度是评价高温和浸水再养护对混杂纤维混凝土性能影响的重要参数。本章残余弯曲强度根据 EN 14651:2005+A1:2007 标准计算。比例极限(LOP)是缺口尖端处的应力，假设该应力作用于未开裂的中跨截面，且试样在中心点载荷作用下具有线性应力分布特征[139]。LOP 对应于 CMOD 低于

0.05 mm 时的最大弯曲力。此外本章还分析了 CMOD 为 0.5 mm、1.5 mm、2.5 mm和 3.5 mm 时的残余强度。相应的弯曲强度命名为 f_{LOP}、$f_{R0.5}$，$f_{R1.5}$，$f_{R2.5}$和 $f_{R3.5}$。不同测试环境下混杂纤维混凝土弯曲强度如图 6-8 所示。

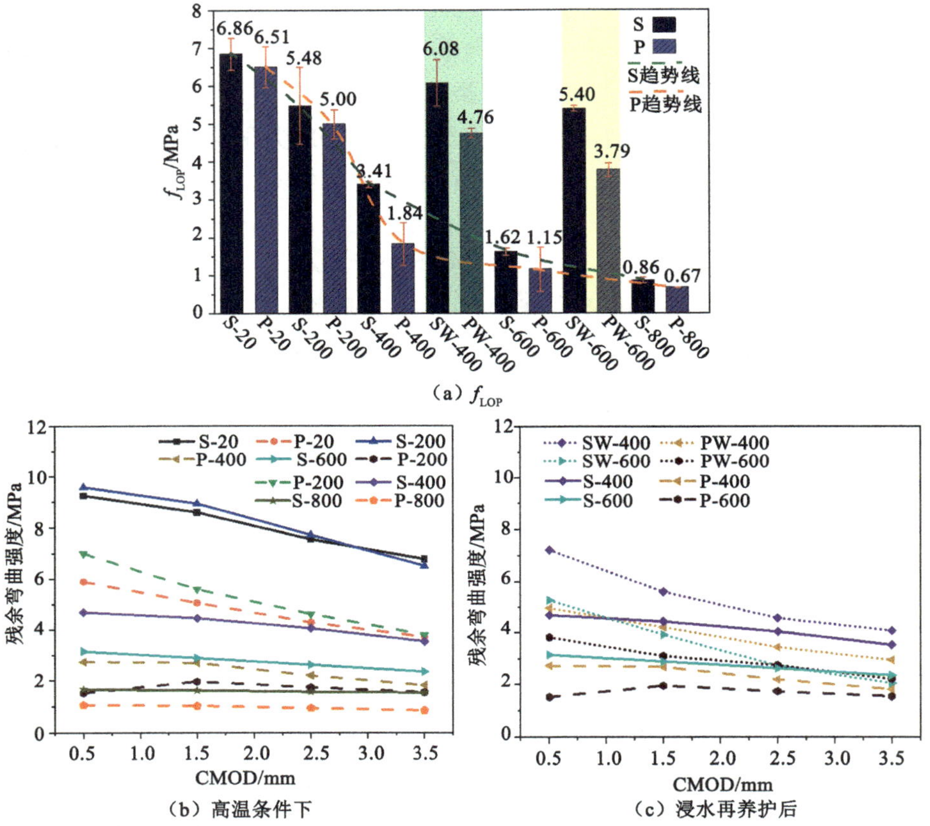

(a) f_{LOP}

(b) 高温条件下

(c) 浸水再养护后

图 6-8　不同测试环境下混杂纤维混凝土的弯曲强度

两种混杂纤维混凝土的 f_{LOP} 随着温度的升高而降低[图 6-8(a)]。混杂纤维混凝土 S 的 f_{LOP} 从 20 ℃时的 6.86 MPa 下降到 800 ℃时的 0.86 MPa，降低了 87.46%。而混杂纤维混凝土 P 的 f_{LOP} 在 800 ℃热损伤后下降了 89.71%，降低至 0.67 MPa。高温下，热应力、蒸汽压力以及混凝土水化产物的分解在 ITZ 和混凝土基体中产生微裂纹，使得微裂纹的合并和宏观裂纹的形成更加快速。值得注意的是，混杂纤维混凝土 S 和 P 之间存在一些显著差异。一方面，包含波浪形钢纤维的混杂纤维混凝土 S 的 f_{LOP}高于混杂纤维混凝土 P。这主要是由于短波浪形钢纤维与混凝土基质之间更高的黏结强度和短波浪形钢纤维良好的导热性。短波浪形钢纤维能够对高温环境下微观裂纹的扩展进行有效抑制且能够降低混凝土中的热应力。另一方面，当温度从 200 ℃升高到 400 ℃时，混杂纤维混凝土 P 的 f_{LOP}急剧下降。混杂纤维混凝土 P 的 f_{LOP}从 200 ℃时的 5.00 MPa 下降到 400 ℃时的 1.84 MPa，下降了 63.20%。而对于混杂纤维混凝土 S，在这一温度范围内，f_{LOP}仅降低了 37.78%[图 6-8(a)]。这主要是由于 200 ℃ 以上高温时聚丙烯纤维熔化蒸发，失去对微裂纹扩展的抑制作用。

浸水再养护对热损伤混杂纤维混凝土 f_{LOP}产生了修复效果。对于 400 ℃和 600 ℃热损伤混杂纤维混凝土 S，经过浸水再养护后，f_{LOP}分别从 3.41 MPa 增加到 6.08 MPa 和 1.62 MPa 增加到 5.40 MPa，分别增加了 78.30%和233.33%。热损伤混杂纤维混凝土经过浸水再养护产生了相似的恢复效果。浸水再养护期间混凝土热分解产物发生水化反应，生成的水化产物填充热损伤混凝土中的裂隙，增强混凝土基质和 ITZ 的强度，从而实现对混凝土热损伤的修复。

高温对混杂纤维混凝土的残余强度产生明显的劣化作用[图 6-8(b)]。200 ℃以下，高温对混杂纤维混凝土残余强度基本上不产生明显影响。当温度超过 200 ℃时，混杂纤维混凝土峰后弯曲强度快速下降。混杂纤维混凝土 S 的 $f_{R0.5}$和 $f_{R3.5}$从 200 ℃时的 9.58 MPa 和 6.51 MPa 下降到 800 ℃时的 1.65 和 1.52 MPa，分别降低了 82.77%和 76.65%。混杂纤维混凝土 P 的残余弯曲强度具有类似的劣化行为。对于未受热损伤的混杂纤维混凝土，钢纤维的脱黏和拔出消耗了一部分输入能量，减缓了峰后阶段宏观裂缝的扩展。因此，与素混凝土相比，混杂纤维混凝土具有较高的残余抗弯强度。但是高温期间，混凝土内部产生的热应力、蒸汽压力以及水化产物的分解导致混凝土中产生大量的微裂纹，降低了混凝土微观结构的强度。因此，在峰后阶段热损伤混凝土钢纤维与混凝土基质脱黏拉出，失去了对宏观裂纹扩展的抑制作用。从整体上看，包含波浪形钢纤维的混杂纤维混凝土 S 残余弯曲强度高于包含聚丙烯的混杂纤维混凝土 P，这主要与高温下聚丙烯纤维的熔化蒸发有关。

浸水再养护提升了热损伤混杂纤维混凝土的残余弯曲强度[图 6-8(b)]。对于混杂纤维混凝土 S，浸水养护后，400 ℃和 600 ℃热损伤混杂纤维混凝土的残余弯曲强度得到部分恢复，特别是 CMOD 在 1.5 mm 到 2.5 mm 之间时，修复效果更加明显。而对于热损伤混杂纤维混凝土 P，经过浸水养护后，混凝土的残余弯曲强度在整个加载阶段均产生明显的增强。在浸水养护阶段，热分解产物发生再水化反应，修复了混凝土 ITZ 和基质中的损伤裂纹，增强了混凝土与钢纤维的黏结强度。

弯曲断裂韧性是评价混凝土在弯曲载荷作用下吸收输入能力的一个重要参数，可以通过对载荷-挠度曲线[图 6-9(a)]下方的面积按式(6-4)积分求得。本章

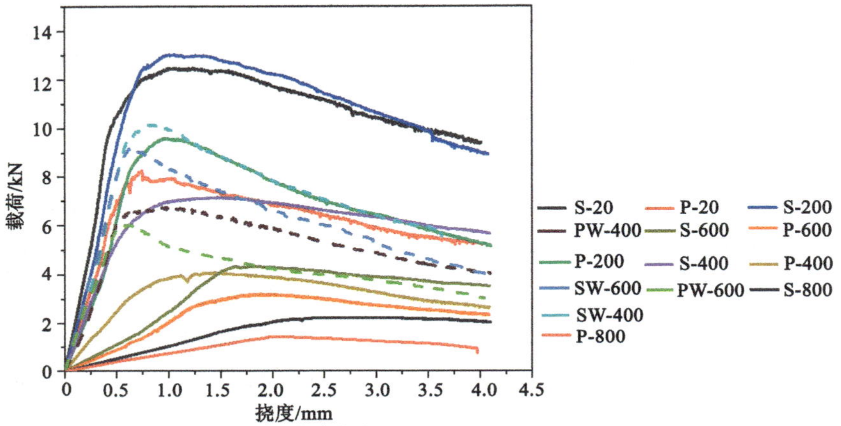

(a) 载荷-挠度曲线

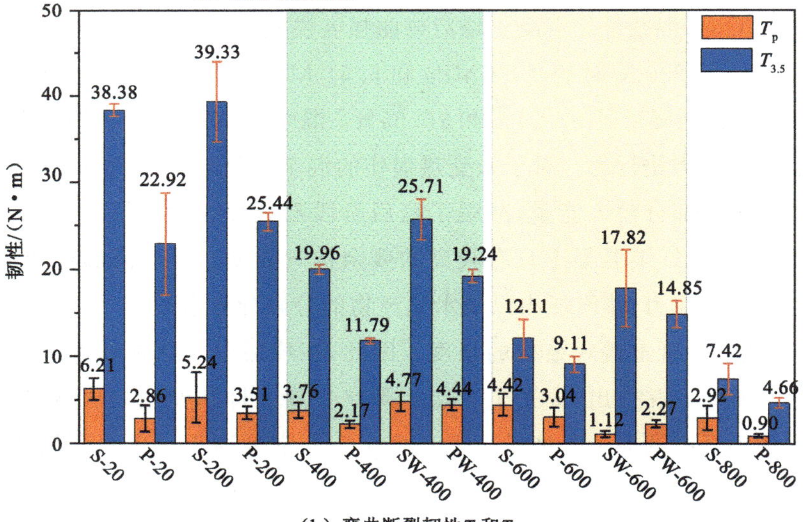

(b) 弯曲断裂韧性 T_p 和 $T_{3.5}$

图 6-9 热损伤混杂纤维混凝土的弯曲断裂韧性

(误差线显示 3 个试样的标准差)

分析峰值载荷和挠度为 3.5 mm 时的弯曲断裂韧性，相关结果如图 6-9(b)所示。

$$T = \int_0^{\delta} P(\sigma)\mathrm{d}\sigma \tag{6-4}$$

式中，$P(\sigma)$为弯曲载荷，kN；σ 为挠度，mm；δ 为峰值载荷点或 3.5 mm 处的挠度。

混杂纤维混凝土的弯曲断裂韧性随着温度的升高而降低（图 6-9）。200 ℃以下的温度对混杂纤维混凝土的弯曲断裂韧性基本上不产生影响。当温度超过 200 ℃时，热损伤混凝土的弯曲断裂韧性，特别是 $T_{3.5}$，迅速下降。混杂纤维混凝土 S 和 P 的 $T_{3.5}$ 从 200 ℃时的 39.33 N·m 和 25.44 N·m 分别降低到 800 ℃时的 7.42 N·m 和 4.66 N·m，分别降低了 81.13%和 81.68%。而 T_P 随着温度的升高整体上呈现波动式下降。整体上看，热损伤混杂纤维混凝土 S 比混杂纤维混凝土 P 具有更高的吸能能力。

浸水再养护提升了热损伤混杂纤维混凝土的弯曲断裂韧性。在 400 ℃时，热损伤混杂纤维混凝土 S 和 P 的 $T_{3.5}$ 增加了 4.61%和 63.19%，分别达到 20.88 N·m 和 19.24 N·m。混杂纤维混凝土 P 也有类似的增长趋势。对于 600 ℃热损伤混杂纤维混凝土，浸水再养护后混杂纤维混凝土 S 和 P 的 $T_{3.5}$ 分别增长了 47.15%和 63.01%。而浸水再养护后 T_p 的小幅降低可能是由于浸水养护混杂纤维混凝土刚度的增加所致。

6.4　热损伤混杂纤维混凝土弯曲断裂特征

为了分析高温和浸水再养护对混杂纤维混凝土断裂过程的影响，采用数字图像相关技术（DIC）分析弯曲断裂过程裂纹的扩展特征。采集的图像使用 Ncorr[186] 软件分析加载过程中的试样表面的位移和应变。Ncorr 相关参数为：子集半径 50 像素，步长 6 像素。选择这些参数是考虑到较低的子集和步长的值不会产生计算应变场的显著变化，降低计算误差。有关该软件和试验设置的更多信息可以参考文献[249]。

6.4.1　不同热损伤混杂纤维混凝土弯曲断裂过程

选择水平应变分量 ε_{xx} 表征不同测试环境下热损伤混杂纤维混凝土弯曲断裂过程。为了清晰和简洁，本章仅选择了 6 个加载水平（30%峰值载荷、60%峰值载荷、80%峰值载荷、90%峰值载荷、峰值载荷和90%峰值载荷后)分析其弯曲断裂平面的应变场,具体如图6-10~图6-13所示。

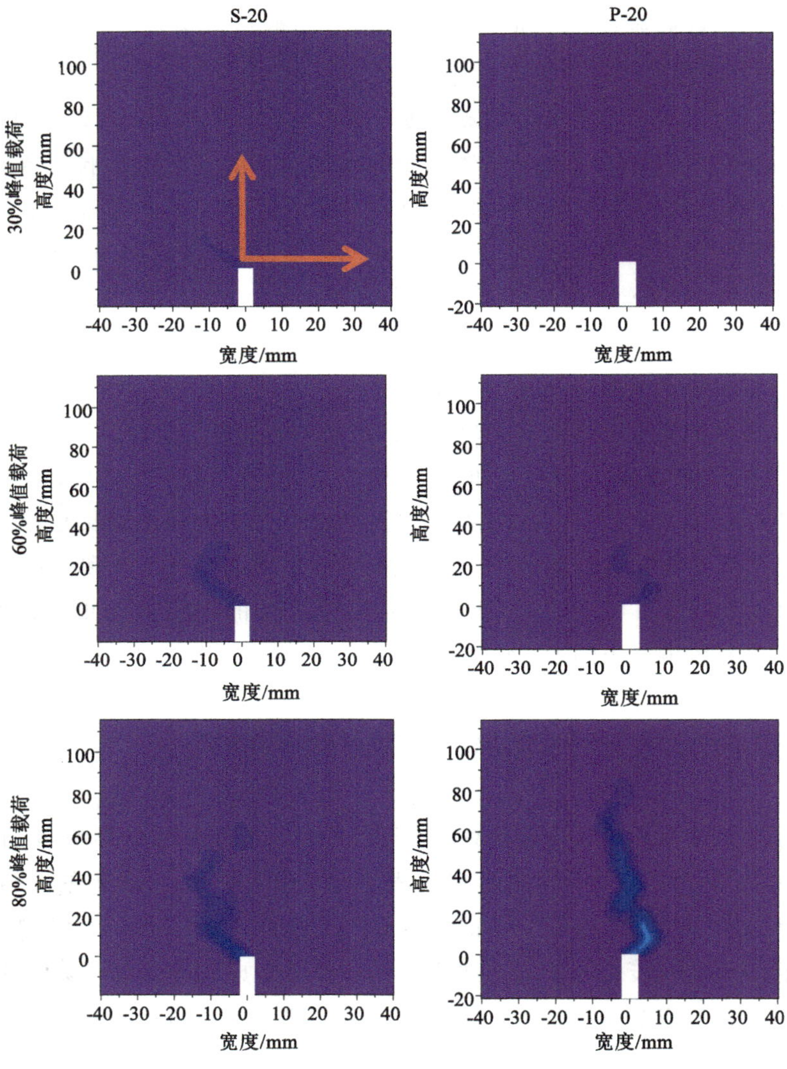

图6-10 混杂纤维混凝土20 ℃(室温)下的弯曲断裂过程

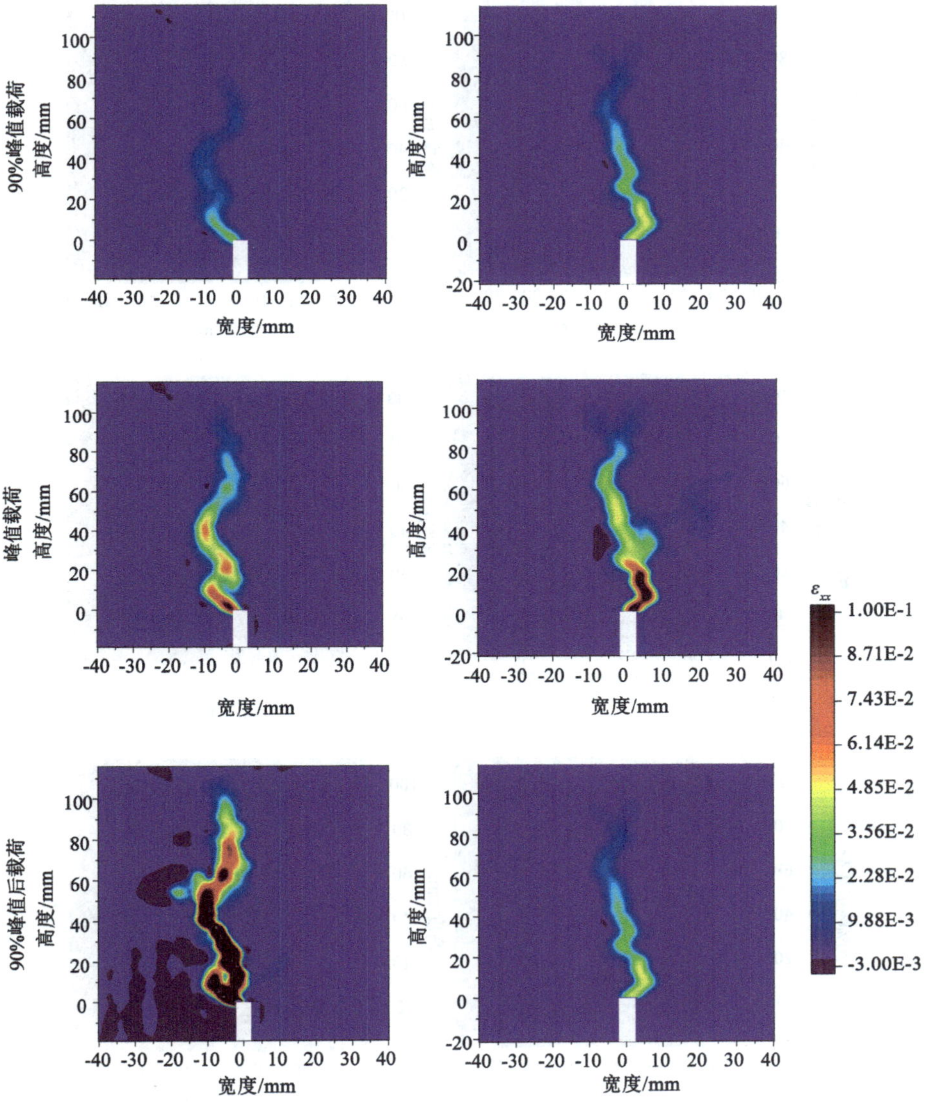
90%峰值载荷
峰值载荷
90%峰值后载荷
高度/mm
宽度/mm
100
80
60
40
20
0
-20
-40 -30 -20 -10 0 10 20 30 40
ε_{xx}
1.00E-1
8.71E-2
7.43E-2
6.14E-2
4.85E-2
3.56E-2
2.28E-2
9.88E-3
-3.00E-3

图 6-10　（续）

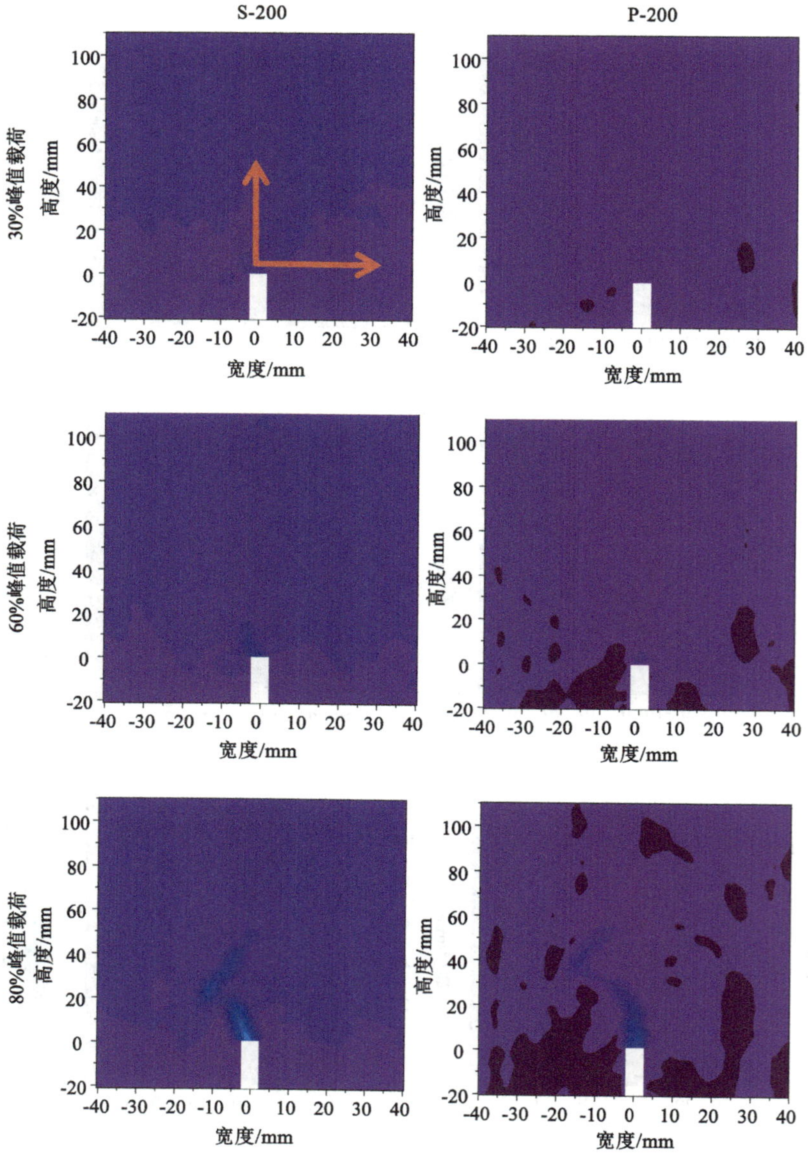

图 6-11　混杂纤维混凝土 200 ℃下的弯曲断裂过程

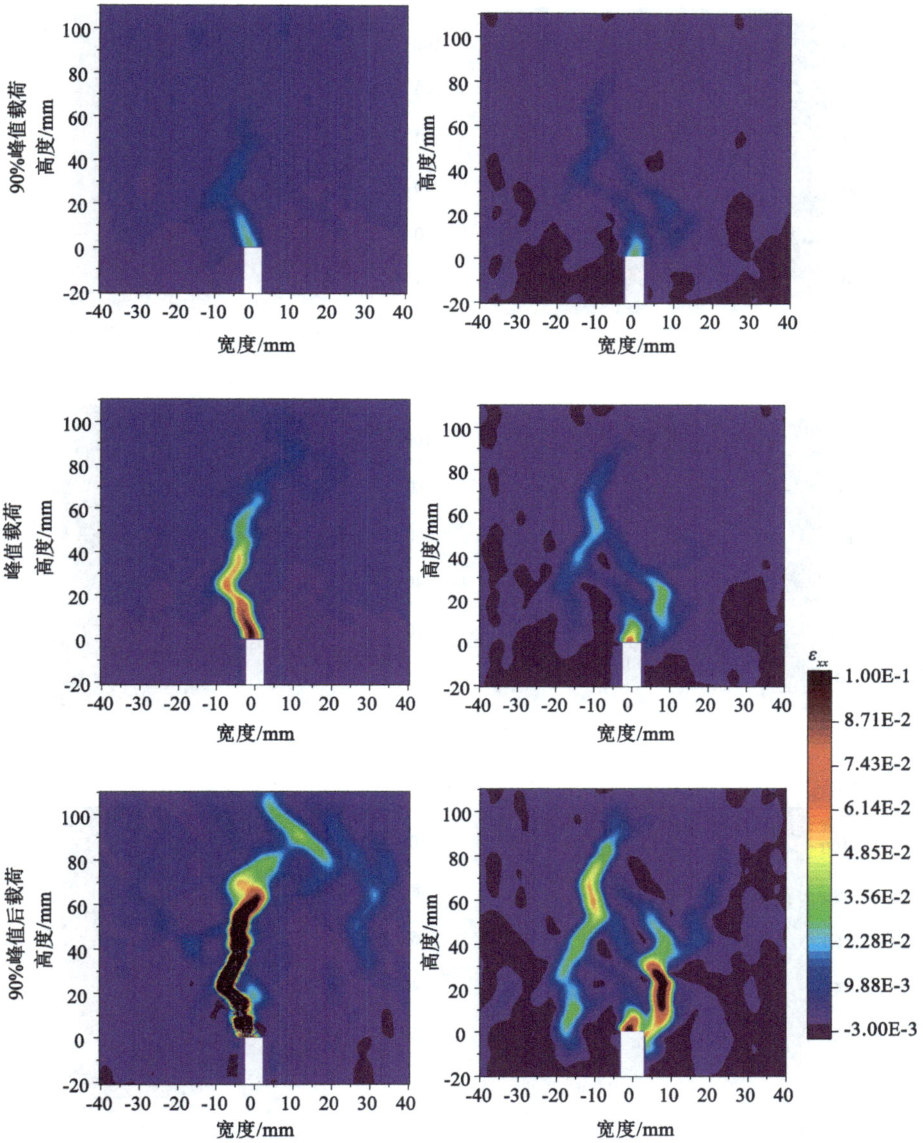
90%峰值载荷
峰值载荷
90%峰值后载荷
高度/mm
宽度/mm
ε_{xx}
1.00E-1
8.71E-2
7.43E-2
6.14E-2
4.85E-2
3.56E-2
2.28E-2
9.88E-3
-3.00E-3

图 6-11 （续）

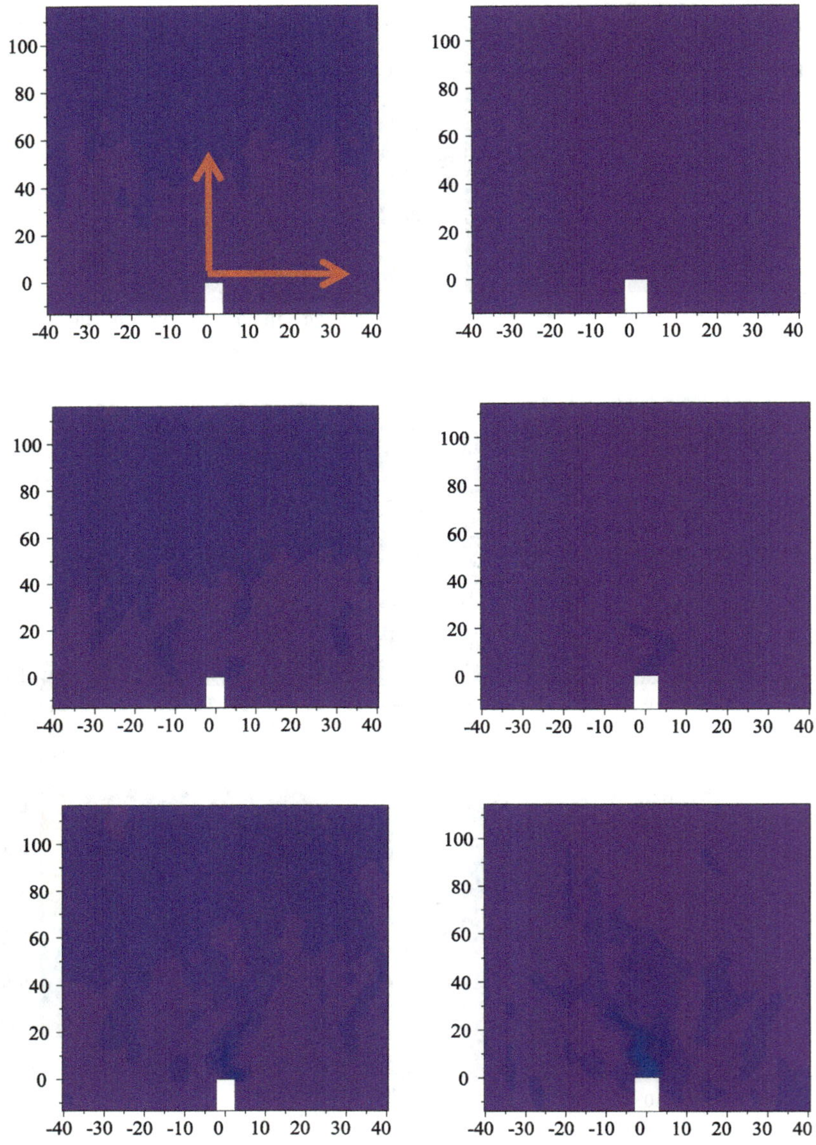

图 6-12　混杂纤维混凝土 400 ℃和浸水再养护后的弯曲断裂过程

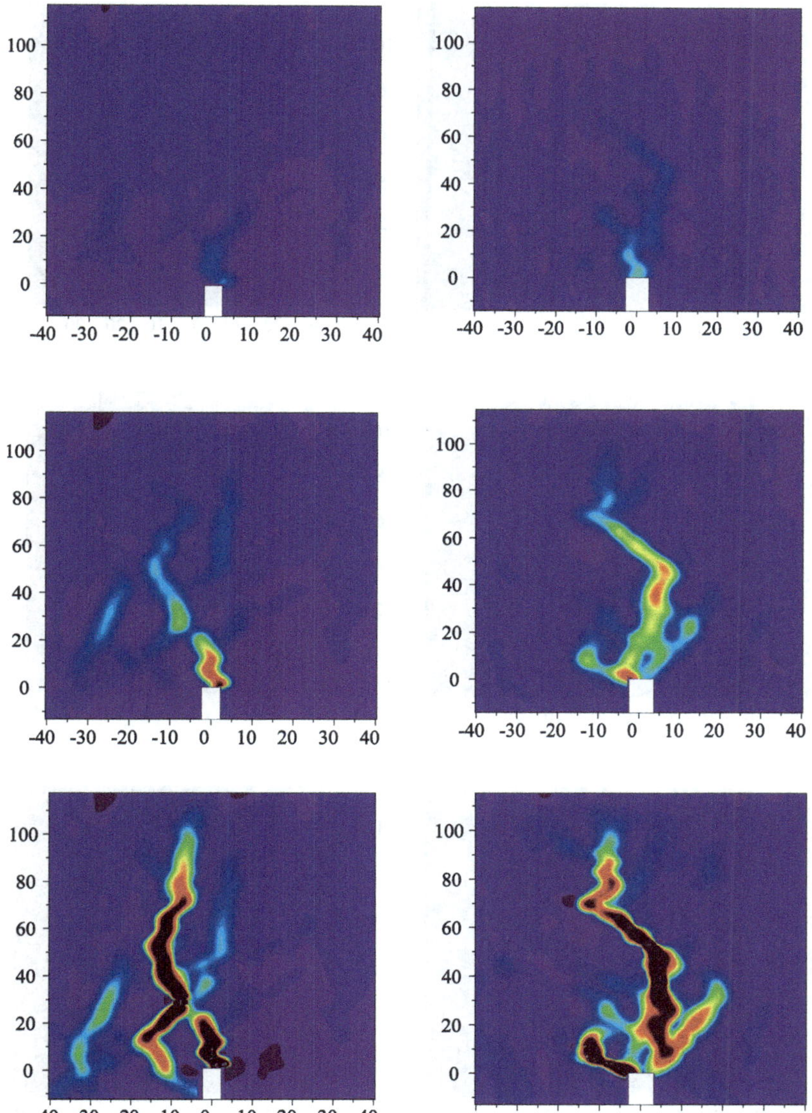
100
80
60
40
20
0
-40 -30 -20 -10 0 10 20 30 40
100
80
60
40
20
0
-40 -30 -20 -10 0 10 20 30 40
100
80
60
40
20
0
-40 -30 -20 -10 0 10 20 30 40
100
80
60
40
20
0
-40 -30 -20 -10 0 10 20 30 40
100
80
60
40
20
0
-40 -30 -20 -10 0 10 20 30 40
100
80
60
40
20
0
-40 -30 -20 -10 0 10 20 30 40

图 6-12 （续）

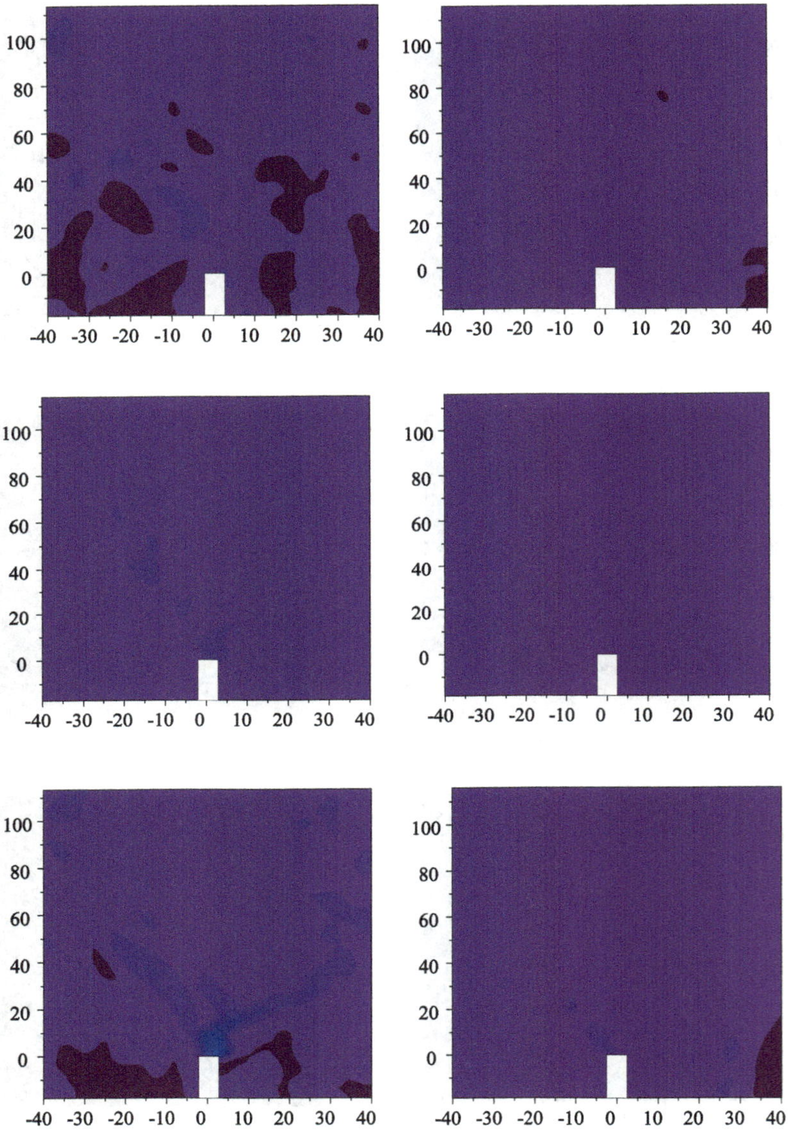

图 6-12 （续）

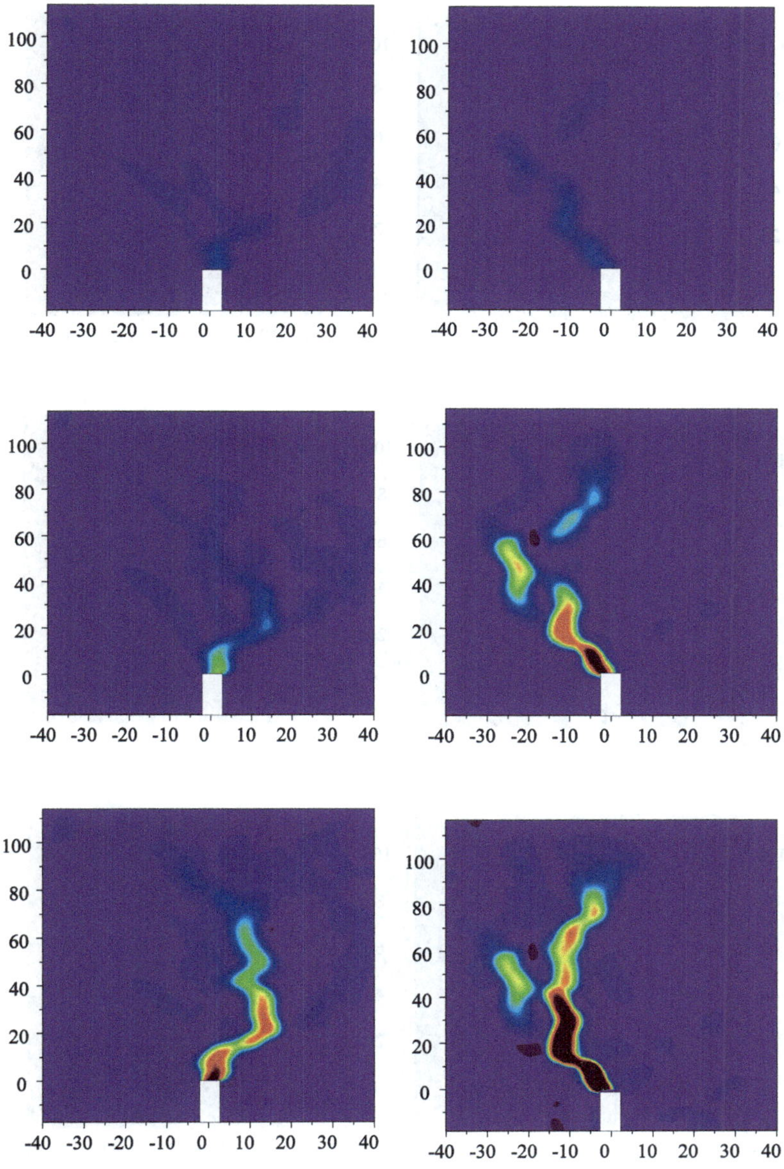
100
80
60
40
20
0
-40 -30 -20 -10 0 10 20 30 40
100
80
60
40
20
0
-40 -30 -20 -10 0 10 20 30 40
100
80
60
40
20
0
-40 -30 -20 -10 0 10 20 30 40
100
80
60
40
20
0
-40 -30 -20 -10 0 10 20 30 40
100
80
60
40
20
0
-40 -30 -20 -10 0 10 20 30 40
100
80
60
40
20
0
-40 -30 -20 -10 0 10 20 30 40

图 6-12 （续）

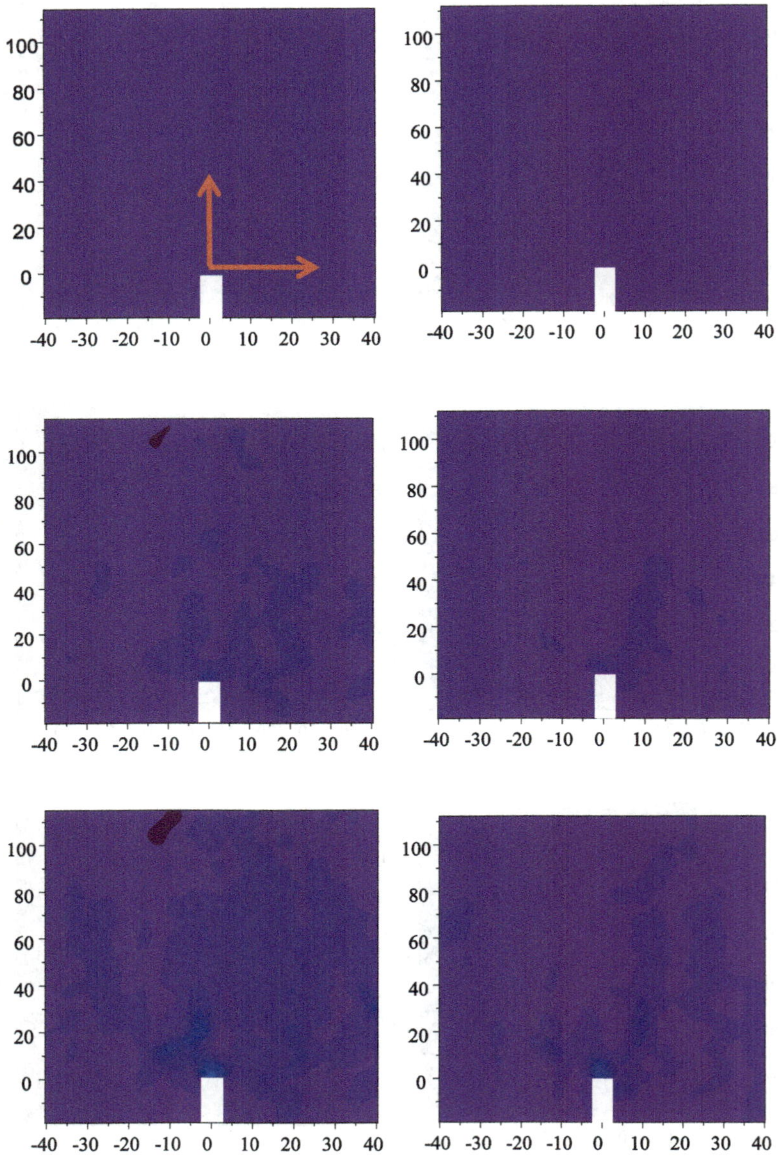

图 6-13　混杂纤维混凝土在 600 ℃和浸水再养护后的弯曲断裂过程

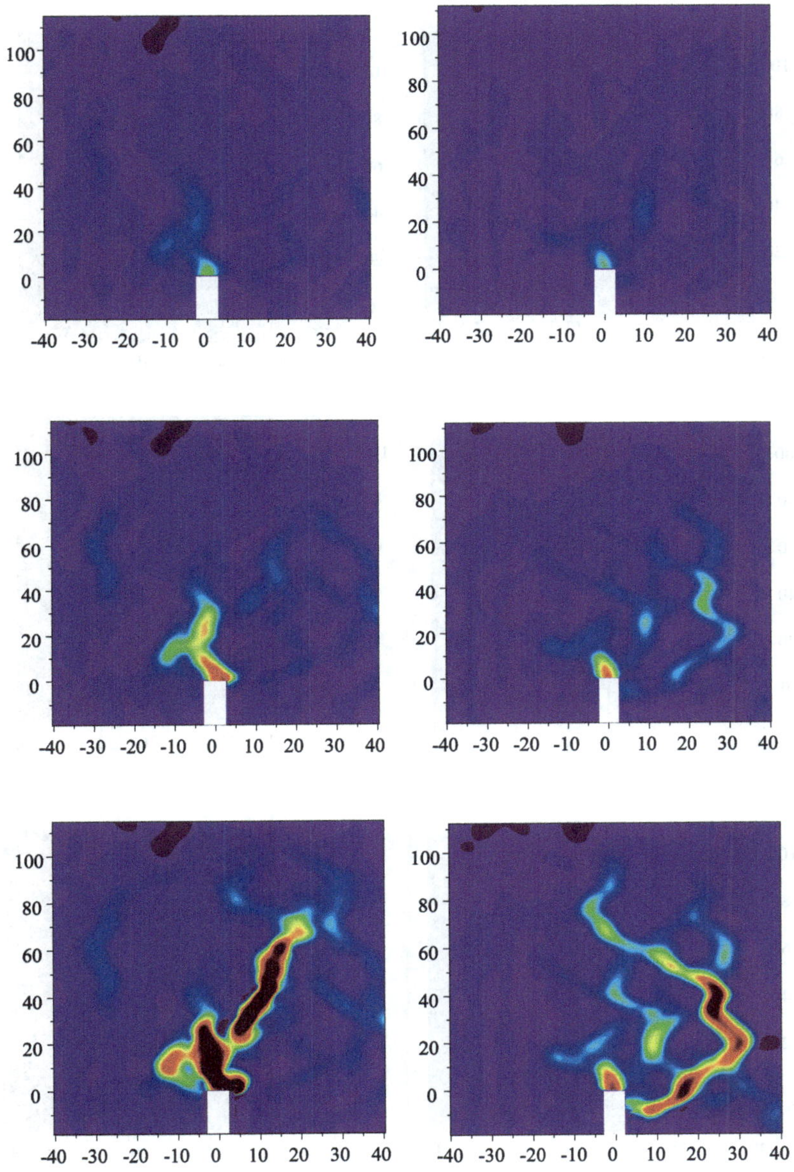

图 6-13 （续）

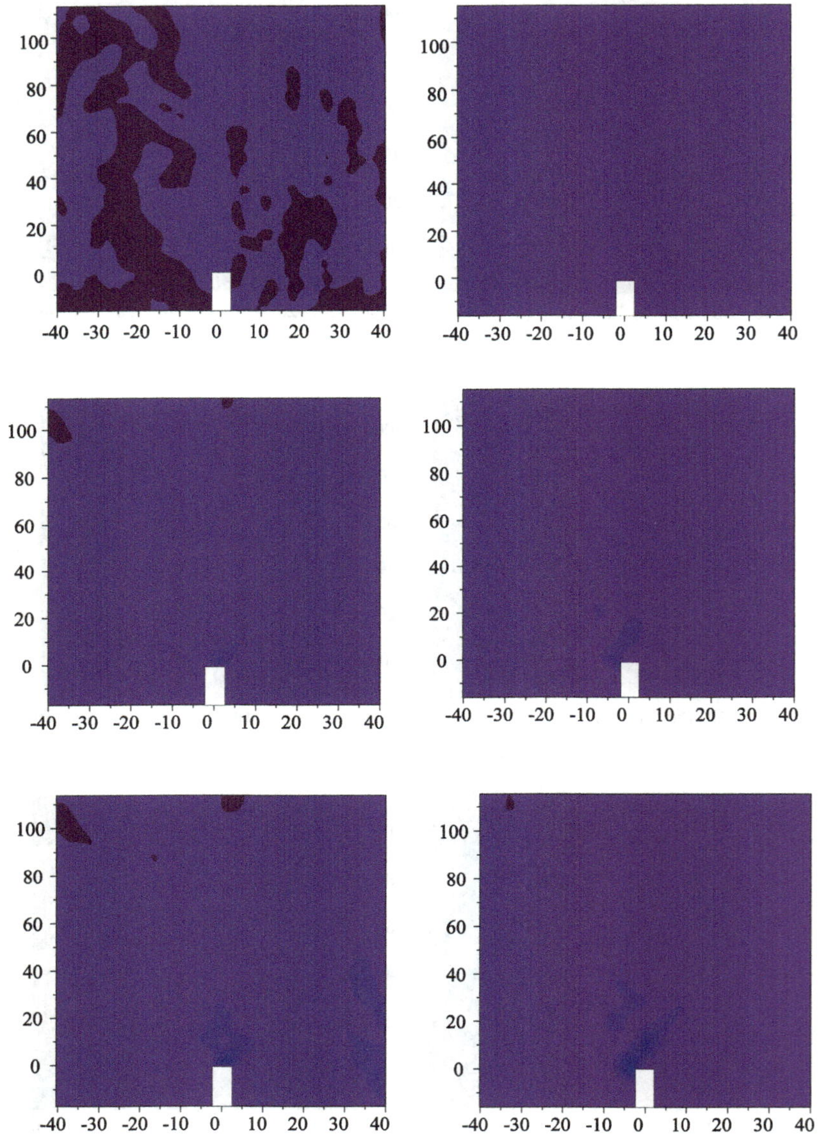

图 6-13 （续）

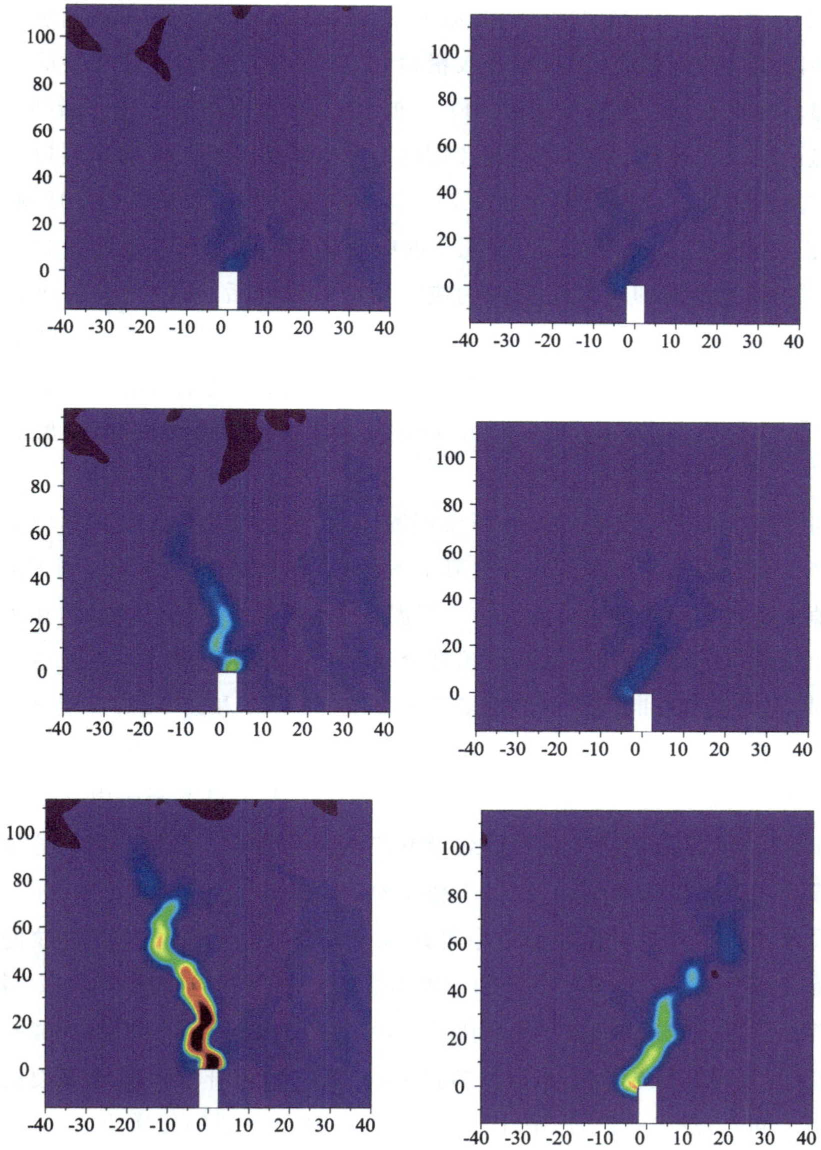
100 80 60 40 20 0
-40 -30 -20 -10 0 10 20 30 40
100 80 60 40 20 0
-40 -30 -20 -10 0 10 20 30 40
100 80 60 40 20 0
-40 -30 -20 -10 0 10 20 30 40
100 80 60 40 20 0
-40 -30 -20 -10 0 10 20 30 40
100 80 60 40 20 0
-40 -30 -20 -10 0 10 20 30 40
100 80 60 40 20 0
-40 -30 -20 -10 0 10 20 30 40

图 6-13 （续）

对于混杂纤维混凝土 S，超过 200 ℃的高温改变了混凝土弯曲断裂过程(图 6-11～图 6-14)。当温度低于 200 ℃时，混杂纤维混凝土的弯曲断裂过程基本上不改变。随着载荷的增加，裂纹沿着切口方向向上扩展，且断裂面上未出现明显的分支裂纹。当温度超过 200 ℃ 时，混杂纤维混凝土的弯曲断裂过程发生明显的变化。经受 200 ℃以上的高温后，混杂纤维混凝土弯曲断裂过程中的裂纹扩展阶段推迟。当温度达到 400 ℃ 和 600 ℃时，在载荷低于 60%峰值载荷时，混凝土切口上方区域未出现明显的应变集中区域。而当温度为 20 ℃时，在 30%峰值载荷时即出现了明显的应变集中。在峰后阶段，分支裂纹快速扩展，形成新的主裂纹。与 400 ℃相比，600 ℃时混杂纤维混凝土弯曲断裂面上出现数量更多的分支裂纹。这种断裂形式的变化主要是高温对混凝土基质强度和钢纤维黏结强度等产生劣化作用，减弱了钢纤维对混凝土裂纹扩展的抑制作用。

对于包含聚丙烯纤维的混杂纤维混凝土 P，200 ℃以上高温对其弯曲断裂过程产生明显影响。与混杂纤维混凝土 S 相比，包含热损伤混杂纤维混凝土 P 在峰值载荷之前即出现了分支裂纹。当温度达到 400 ℃和 600 ℃时，在主裂纹附近出现明显的分支裂纹，且温度越高分支裂纹的数量越多。当载荷达到峰值载荷时，混凝土弯曲断裂面上出现多条主裂纹(图 6-12 和图 6-13)。混杂纤维混凝土 P 热损伤后弯曲断裂过程的改变主要是由于聚丙烯纤维的熔化蒸发和水化产物的热分解造成的。聚丙烯纤维熔化蒸发失去了对混凝土内部微裂纹扩展的抑制作用，导致混凝土在较低载荷下产生大量裂纹。水化产物的分解弱化了混凝土主要微观承载结构，加快了裂纹的扩展速度。

浸水再养护减少了热损伤混杂纤维混凝土弯曲断裂面上分支裂纹的数量并消除了多条主裂纹。SW-400 和 PW-400 的断裂路径与 S-20 和 P-20 相似。浸水养护阶段，热分解产物发生水化反应，水化产物如 C—S—H，填充微细观裂纹，增加钢纤维与混凝土基体的黏结强度，从而提升钢纤维对微细观裂纹的抑制效果。同时，浸水养护后，钢纤维能够更好地在裂纹两侧传递应力，减少裂纹尖端的应力集中程度，降低裂纹的扩展速度。

6.4.2 高温和浸水再养护对混杂纤维混凝土 FPZ 扩展影响

断裂过程区(FPZ)是无牵引尖端和 FPZ 尖端之间的区域。本章仅分析峰值载荷前 FPZ 长度的变化。根据相关研究，缺口尖端被视为峰值前 FPZ 的无牵引尖端。

本章中采用水平位移跳跃法来确定 FPZ 裂纹尖端的位置。在裂纹扩展区内相同高度上的水平位移会发生突然跳跃，而在裂纹扩展区之外水平位移呈现连续线性变化。因此，在裂纹尖端处水平位移由跳跃转变为线性变化。为了获得不同位置的水平位移，在 RoI 内沿着试样高度设置一系列平行线，如图 6-14(a)所示。可以根据水平位移连续变化线来确定 FPZ 尖端位置。图 6-14(b)显示了 P-400 在峰值载荷下不同高度的水平位移线，FPZ 尖端位于 104.2 mm 的高度。

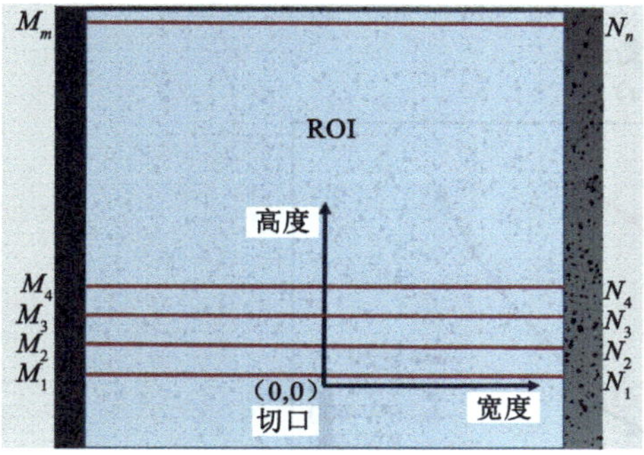

(a) 试样RoI内测量线

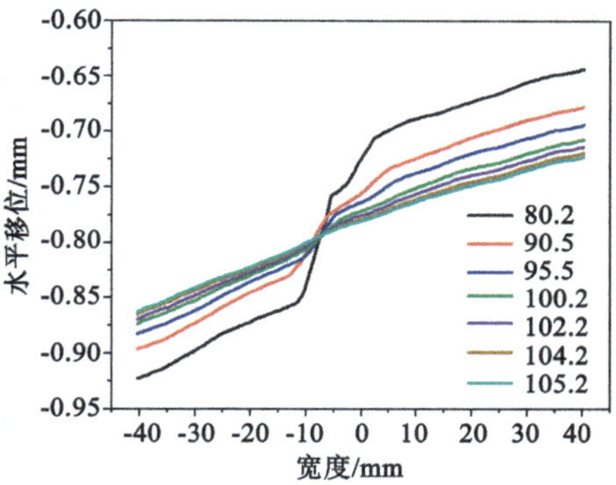

(b) 峰值荷载时沿不同高度的水平位移

图 6-14　DIC 数据处理

图 6-15 显示了峰值载荷前高温和浸水再养护对混杂纤维混凝土 FPZ 长度的影响。温度升高改变了混杂纤维混凝土 FPZ 长度随载荷的变化趋势。温度低于 200 ℃ 时，混杂纤维混凝土 FPZ 长度随载荷增长趋势未发生明显变化。当温度在 20 ℃到 200 ℃之间时，混杂纤维混凝土 S 的 PFZ 长度增长曲线向高载荷反向平移。这种变化主要与高温下未水化混凝土颗粒的水化有关。当温度超过 200 ℃时，两种混杂纤维混凝土的 FPZ 长度随载荷的变化趋势发生明显改变。高温下混凝土的水化产物发生热分解反应，导致混凝土微观结构完整性和强度降低。因此，热损伤混杂纤维混凝土承受较低的外部载荷时内部微细观裂纹快速扩展，导致裂纹扩展区长度急剧增长。在相同载荷下，热损伤混杂纤维混凝土 S 的 FPZ 长度小于热损伤混杂纤维混凝土 P。

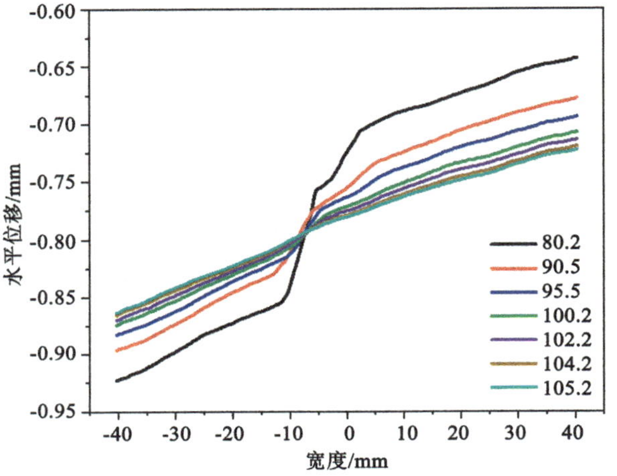

(a)

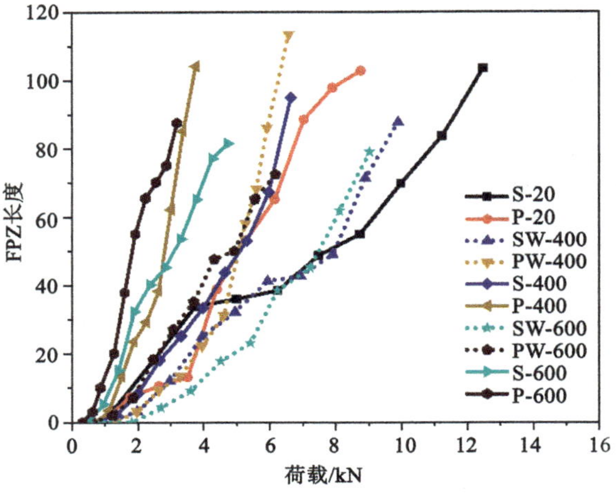

(b)

图 6-15　FPZ 长度-载荷曲线

浸水再养护后，热损伤混杂纤维混凝土的 FPZ 长度随载荷的增长趋势发生变化[图 6-15(b)]。对于混杂纤维混凝土 S，浸水养护后，热损伤混杂纤维混凝土 FPZ 长度随载荷增长曲线与未损伤混杂纤维混凝土接近，例如 SW-400 和 SW-600 的曲线接近 S-20。混杂纤维混凝土 P 出现类似的现象[图 6-15(b)中的 PW-400、PW-600 和 P-20]。总体而言，温度升高导致 FPZ 长度急剧增加，浸水养护后热损伤混杂纤维混凝土的 FPZ 随载荷变化趋势与未受损混杂纤维混凝土相似。

图 6-16 显示了热损伤混杂纤维混凝土的临界 FPZ 长度(CFPZL)。临界 FPZ 长度为峰值载荷时的 FPZ 长度。热损伤和浸水养护对混杂纤维混凝土临界 FPZ 长度(CFPZL)产生明显影响。200 ℃以下的温度对混杂纤维混凝土临界 FPZ 长度未产生明显影响。200 ℃以上的温度降低混杂纤维混凝土临界 FPZ 长度,而浸水再养护对两种热损伤混杂纤维混凝土产生不同的影响。当温

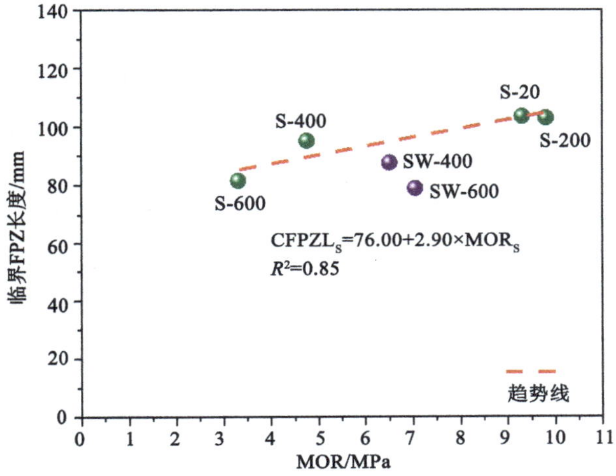

(a)

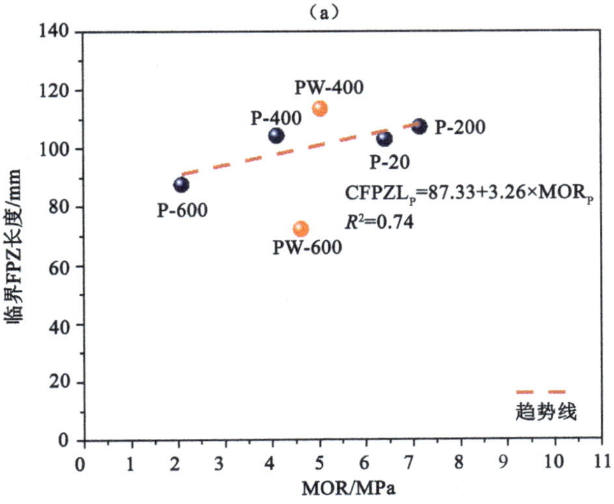

(b)

图 6-16　热损伤混杂纤维混凝土的临界 FPZ 长度

度从 20 ℃升高到 600 ℃时，混杂纤维混凝土 S 和 P 的临界 FPZ 长度分别减少了 21.26%和 14.85%。这主要是由于高温下混凝土内部微观结构发生物理和化学变化，混凝土微观结构承载能力劣化。对于未损伤的混杂纤维混凝土，混杂纤维能够桥接混凝土内部裂纹，在裂纹两侧传递弯曲应力，抑制混凝土内部裂纹的扩展。混杂纤维混凝土经受热损伤后，钢纤维与混凝土基质的黏结强度降低，削弱了钢纤维对裂纹扩展的抑制作用。因此热损伤混杂纤维混凝土在较低载荷下即发生裂纹的快速扩展。

对于 400 ℃和 600 ℃热损伤混杂纤维混凝土，浸水再养护(S-400 和 S-600)使其临界 FPZ 长度分别降低了 7.78%和 3.07%。对于混杂纤维混凝土 P，浸水再养护使 400 ℃热损伤混杂纤维混凝土临界 FPZ 长度增加了 8.93%。600 ℃热损伤混杂纤维混凝土 P-600 经过浸水养护后临界 FPZ 长度减少了 17.47%。两种混杂纤维混凝土的临界 FPZ 长度和弯曲强度之间存在线性关系。这表明用聚丙烯纤维替代短波浪形钢纤维对热损伤混杂纤维混凝土的 CFPZL 产生的影响可以忽略不计。

6.5 小　　结

本章研究了高温和浸水再养护对两种混杂纤维混凝土弯曲性能和断裂过程的影响。根据试验结果和相关分析，可以得出如下结论：

(1) 混杂纤维混凝土水化产物 C—S—H 在 400 ℃以上发生热分解，浸水养护后部分恢复。采用超声波脉冲速度(UPV)分析不同测试环境下混杂纤维混凝土的损伤程度。两种混杂纤维混凝土的损伤程度随着温度的升高而增加，特别是当温度超过 200 ℃时。包含聚丙烯纤维的混杂纤维混凝土损伤程度高于包含短波浪形钢纤维的混杂纤维混凝土。浸水再养护降低了热损伤混杂纤维混凝土的损伤程度。

(2) 200 ℃以上高温对混杂纤维混凝土弯曲性能产生明显的劣化作用。浸水再养护对热损伤混杂纤维混凝土弯曲性能产生部分恢复效果。在 20 ℃至 800 ℃范围内，热损伤混杂纤维混凝土劣化系数(DC)与温度之间存在线性和指数两种关系。包含高短波浪形钢纤维的热损伤混杂纤维混凝土 S 比含有混杂纤维混凝土 P 具有更好的弯曲性能。

(3) 高温和浸水养护改变了混杂纤维混凝土的弯曲断裂过程。对于混杂纤维混凝土 S，200 ℃以上高温下，混凝土在峰值载荷附近出现分支裂纹。而对于包含聚丙烯纤维的混杂纤维混凝土，在温度达到 200 ℃时即出现分支裂纹。浸水再养护对混杂纤维混凝土热损伤产生修复效果，减少了热损伤混杂纤维混凝土分支裂纹数量。

(4) 200 ℃以上的温度改变了混杂纤维混凝土的 FPZ 长度发展趋势。200 ℃以下的温度对 FPZ 长度不产生明显影响。当温度从 200 ℃升高到 600 ℃时，FPZ 长度随着载荷的增加而急剧增加。在相同的载荷水平下，热损伤混杂纤维混凝土 P 的 FPZ 长度大于混杂纤维混凝土 S。浸水再养护降低了热损伤混杂纤维混凝土弯曲载荷下 FPZ 长度。热损伤混杂纤维混凝土弯曲强度和临界 FPZ 长度之间存在线性关系。

(5) 总体上看，在高温环境下包含短波浪形钢纤维的混杂纤维混凝土比包含聚丙烯的混杂纤维混凝土具有更好的弯曲性能。浸水再养护能够对混杂纤维混凝土的热损伤进行部分修复，提升热损伤混杂纤维混凝土的力学性能。

参考文献

[1] 陈宝春,季韬,黄卿维,等. 超高性能混凝土研究综述[J]. 建筑科学与工程学报,2014,31(03):1-24.

[2] AITCIN P. Cements of yesterday and today:Concrete of tomorrow[J]. Cement and concrete research,2000,30(9):1349-1359.

[3] TURK K,BASSURUCU M,BITKIN R E. Workability,strength and flexural toughness properties of hybrid steel fiber reinforced SCC with high-volume fiber[J]. Construction and building materials,2021,266:120944.

[4] 鞠丽艳. 混凝土裂缝抑制措施的研究进展[J]. 混凝土,2002(5):11-14.

[5] 陈肇元. 高强与高性能混凝土的发展及应用[J]. 土木工程学报,1997(5):3-11.

[6] BANTHIA N,MAJDZADEH F,WU J,et al. Fiber synergy in Hybrid Fiber Reinforced Concrete (HyFRC) in flexure and direct shear[J]. Cement and concrete composites,2014,48:91-97.

[7] XIE Z L,ZHOU H F,LU L J,et al. An investigation into fracture behavior of geopolymer concrete with digital image correlation technique[J]. Construction and building materials,2017,155:371-380.

[8] BENCARDINO F,RIZZUTI L,SPADEA G,et al. Experimental evaluation of fiber reinforced concrete fracture properties[J]. Composites part b:engineering,2010,41(1):17-24.

[9] CHOI Y,YUAN R L. Experimental relationship between splitting tensile strength and compressive strength of GFRC and PFRC[J]. Cement and

concrete research,2005,35(8):1587-1591.

[10] LAW D W,ADAM A A,MOLYNEAUX T K,et al. Long term durability properties of class F fly ash geopolymer concrete[J]. Materials and structures,2015,48:721-731.

[11] QIAN C,STROEVEN P. Fracture properties of concrete reinforced with steel-polypropylene hybrid fibres[J]. Cement and concrete composites, 2000,22(5):343-351.

[12] LI V C,STANG H,KRENCHEL H. Micromechanics of crack bridging in fibre-reinforced concrete[J]. Materials and structures,1993,26:486-494.

[13] YOO D,LEE J,YOON Y. Effect of fiber content on mechanical and fracture properties of ultra high performance fiber reinforced cementitious composites[J]. Composite structures,2013,106:742-753.

[14] 郭寅川,谢波,周利超,等. 动态疲劳荷载下玄武岩纤维混凝土抗渗性衰减及机理研究[J]. 硅酸盐通报,2022,41(03):810-817.

[15] 沈才华,钱晋,陈晓峰,等. 纤维掺量对 PVA 纤维混凝土力学参数的影响及压缩韧性指标的计算方法[J]. 硅酸盐通报,2020,39(10):3152-3160.

[16] GOPALARATNAM V S,GETTU R. On the characterization of flexural toughness in fiber reinforced concretes[J]. Cement and concrete composites,1995,17(3):239-254.

[17] SOROUSHIAN P,ELYAMANY H,TLILI A,et al. Mixed-mode fracture properties of concrete reinforced with low volume fractions of steel and polypropylene fibers[J]. Cement and concrete composites,1998,20(1):67-78.

[18] CAO Q,CHENG Y,CAO M,et al. Workability,strength and shrinkage of fiber reinforced expansive self-consolidating concrete[J]. Construction and building materials,2017,131:178-185.

[19] YAKHLAF M,SAFIUDDIN M,SOUDKI K A. Properties of freshly mixed carbon fibre reinforced self-consolidating concrete[J]. Construction and building materials,2013,46:224-231.

[20] LI S,FAN X,CHEN X,et al. Development of fracture process zone in

full-graded dam concrete under three-point bending by DIC and acoustic emission[J]. Engineering fracture Mechanics,2020,230:106972.

[21] PRASAD M,KRISHNAMOORTHY C S. Computational model for discrete crack growth in plain and reinforced concrete[J]. Computer methods in applied mechanics and engineering,2002,191(25/26):2699-2725.

[22] DIAMOND S,HUANG J. The ITZ in concrete-a different view based on image analysis and SEM observations[J]. Cement and concrete composites,2001,23(2/3):179-188.

[23] ESCADEILLAS G C,MASO J C. Approach of the initial state in cement paste,mortar,and concrete[J]. Ceramic transactions,1990,16:169-184.

[24] IQBAL S,ALI A,HOLSCHEMACHER K,et al. Mechanical properties of steel fiber reinforced high strength lightweight self-compacting concrete (SHLSCC)[J]. Construction and building materials, 2015, 98: 325-333.

[25] REN G M,WU H,FANG Q,et al. Effects of steel fiber content and type on static mechanical properties of UHPCC[J]. Construction and building materials,2018,163:826-839.

[26] WU H,REN G M,FANG Q,et al. Effects of steel fiber content and type on dynamic tensile mechanical properties of UHPCC[J]. Construction and building materials,2018,173:251-261.

[27] RANJBAR N,MEHRALI M,MEHRALI M,et al. High tensile strength fly ash based geopolymer composite using copper coated micro steel fiber [J]. Construction and building materials,2016,112:629-638.

[28] WU Z,SHI C,KHAYAT K H. Investigation of mechanical properties and shrinkage of ultra-high performance concrete:Influence of steel fiber content and shape[J]. Composites part b:engineering,2019,174:107021.

[29] MA H L,CUI C,LI X,et al. Study on mechanical properties of steel fiber reinforced autoclaved lightweight shell-aggregate concrete[J]. Materials & design (1980-2015),2013,52:565-571.

[30] DHANAPAL J,JEYAPRAKASH S. Mechanical properties of mixed

steel fiber reinforced concrete with the combination of micro and macro steel fibers[J]. Structural concrete,2020,21(1):458-467.

[31] DING Y,LIU S,ZHANG Y,et al. The investigation on the workability of fibre cocktail reinforced self-compacting high performance concrete[J]. Construction and building materials,2008,22(7):1462-1470.

[32] LEE J,CHO B,CHOI E. Flexural capacity of fiber reinforced concrete with a consideration of concrete strength and fiber content[J]. Construction and building materials,2017,138:222-231.

[33] MEHTA P K,MONTEIRO P. Concrete:microstructure,properties,and materials[M]. New York:Mc Graw Hill,2006.

[34] ATIŞ C D,KARAHAN O. Properties of steel fiber reinforced fly ash concrete[J]. Construction and building materials,2009,23(1):392-399.

[35] ZHAO G,Di PRISCO M,VANDEWALLE L. Experimental investigation on uniaxial tensile creep behavior of cracked steel fiber reinforced concrete[J]. Materials and structures,2015,48:3173-3185.

[36] BISSONNETTE B,PIGEON M,VAYSBURD A M. Tensile creep of concrete:study of its sensitivity to basic parameters[J]. ACI materials journal,2007,104(4):360.

[37] CAMPIONE G,MIRAGLIA N,PAPIA M. Mechanical properties of steel fibre reinforced lightweight concrete with pumice stone or expanded clay aggregates[J]. Materials and structures,2001,34:201-210.

[38] 张玉杰,陈炳聪,汪洋.钢纤维混凝土基本力学性能试验研究[J].混凝土,2020(04):74-77.

[39] KHALOO A,RAISI E M,HOSSEINI P,et al. Mechanical performance of self-compacting concrete reinforced with steel fibers[J]. Construction and building materials,2014,51:179-186.

[40] FIGUEIREDO A D D,CECCATO M R. Workability analysis of steel fiber reinforced concrete using slump and Ve-Be test[J]. Materials research,2015,18:1284-1290.

[41] 赵燕茹,郝松,高明宝,等.钢纤维自密实混凝土工作性能及抗压强度试验

研究[J]. 施工技术,2017,46(3):61-64.

[42] 华渊,连俊英,周太全. 长径比对混杂纤维增强混凝土力学性能的影响[J]. 建筑材料学报,2005(1):71-76.

[43] 鞠丽艳,张雄. 混杂纤维对高性能混凝土高温性能的影响[J]. 同济大学学报(自然科学版),2006(1):89-92.

[44] AKCAY B,TASDEMIR M A. Mechanical behaviour and fibre dispersion of hybrid steel fibre reinforced self-compacting concrete[J]. Construction and building materials,2012,28(1):287-293.

[45] PARK S H,KIM D J,RYU G S,et al. Tensile behavior of ultra high performance hybrid fiber reinforced concrete[J]. Cement and concrete composites,2012,34(2):172-184.

[46] YAO W,LI J,WU K. Mechanical properties of hybrid fiber-reinforced concrete at low fiber volume fraction[J]. Cement and concrete research,2003,33(1):27-30.

[47] 常天冰. 桥梁工程用混杂纤维混凝土力学性能研究[J]. 合成纤维,2024,53(3):75-79.

[48] 刘兵,李元举,王洋,等. 多尺度混杂纤维增强珊瑚混凝土的单轴压缩性能[J]. 硅酸盐学报,2024,52(5):1543-1553.

[49] MOBASHER B,LI C Y. Mechanical properties of hybrid cement-based composites[J]. ACI materials journal,1996,93:284-292.

[50] 余建杰,翟嘉欣,郑琪,等. PVA-钢纤维自密实混凝土早期干燥收缩研究[J]. 混凝土与水泥制品,2024(6):1-5.

[51] CHU S H,KWAN A. Novel hybrid fiber factor for hybrid fiber-reinforced concrete[J]. Journal of materials in civil engineering,2021,33(10):4021278.

[52] KAKEMI M,HANNANT D J. Mathematical model for tensile behaviour of hybrid continuous fibre cement composites[J]. Composites,1995,26(9):637-643.

[53] 张杰,沙吾列提·拜开依,李晓敏. 混杂纤维对掺沙漠砂混凝土力学性能的影响[J]. 混凝土,2023(8):87-91.

[54] WU Z,SHI C,HE W,et al. Uniaxial compression behavior of ultra-high performance concrete with hybrid steel fiber[J]. Journal of materials in civil engineering,2016,28(12):6016017.

[55] GUO L P,LEI D Y. Effect of fiber type and fiber hybrids on strain-hardening and multiple cracking properties of the ultra-high performance cementitious composites under uniaxial loads[J]. Key engineering materials,2016,711:187-194.

[56] DAWOOD E T,HAMAD A J. Toughness behaviour of high-performance lightweight foamed concrete reinforced with hybrid fibres[J]. Structural concrete,2015,16(4):496-507.

[57] LIU X,WU T,YANG X,et al. Properties of self-compacting lightweight concrete reinforced with steel and polypropylene fibers[J]. Construction and building materials,2019,226:388-398.

[58] CHEN B, LIU J. Residual strength of hybrid-fiber-reinforced high-strength concrete after exposure to high temperatures[J]. Cement and concrete research,2004,34(6):1065-1069.

[59] 金浏,张仁波,杜修力,等. 温度对混凝土结构力学性能影响的研究进展[J]. 土木工程学报,2021,54(3):1-18.

[60] ZHANG D,TAN K H. Fire performance of ultra-high performance concrete:effect of fine aggregate size and fibers[J]. Archives of civil and mechanical engineering,2022,22(3):116.

[61] British Standards Institution. Eurocode 2:Design of concrete structures-Part 1-2:General rules-Structural fire design:EN I S. 1-2:2004+AC:2008+A1:2019[S]. 2019.

[62] 闫治国,朱合华,梁利. 火灾高温下隧道衬砌管片力学性能试验[J]. 同济大学学报(自然科学版),2012,40(6):823-828.

[63] SANJAYAN G,STOCKS L J. Spalling of high-strength silica fume concrete in fire[J]. Materials Journal,1993,90(2):170-173.

[64] 雷明锋,肖凤龙,张虎,等. 火灾下自密实钢纤维混凝土损伤机理及力学性能研究[J]. 铁道科学与工程学报,2024(10):1-12.

[65] LEA F C. The resistance to fire of concrete and reinforced concrete[J]. Journal of the Society of Chemical Industry,1922,41(18):395R-396R.

[66] SERRANO R,COBO A,PRIETO M I,et al. Analysis of fire resistance of concrete with polypropylene or steel fibers[J]. Construction and building materials,2016,122:302-309.

[67] 宁波,刘永军. 隧道结构抗火研究进展及趋势[J]. 防灾减灾工程学报,2012,32(S1):112-116.

[68] NUAKLONG P,BOONCHOO N,JONGVIVATSAKUL P,et al. Hybrid effect of carbon nanotubes and polypropylene fibers on mechanical properties and fire resistance of cement mortar[J]. Construction and building materials,2021,275:122189.

[69] WU H,LIN X,ZHOU A. A review of mechanical properties of fibre reinforced concrete at elevated temperatures[J]. Cement and concrete research,2020,135:106117.

[70] POON C S,SHUI Z H,LAM L. Compressive behavior of fiber reinforced high-performance concrete subjected to elevated temperatures[J]. Cement and concrete research,2004,34(12):2215-2222.

[71] LI Y,TAN K H,YANG E. Synergistic effects of hybrid polypropylene and steel fibers on explosive spalling prevention of ultra-high performance concrete at elevated temperature[J]. Cement and concrete composites,2019,96:174-181.

[72] ZHENG W,LI H,WANG Y. Compressive behaviour of hybrid fiber-reinforced reactive powder concrete after high temperature[J]. Materials & design,2012,41:403-409.

[73] SHEN L,YAO X,Di LUZIO G,et al. Mix optimization of hybrid steel and polypropylene fiber-reinforced concrete for anti-thermal spalling[J]. Journal of building engineering,2023,63:105409.

[74] JOINT A. Code Requirements for determining fire resistance of concrete and masonry construction assemblies (ACI 216. 1-07,TMS-216-07):An ACI/TMS Standard[S]. American Concrete Institute,2007.

[75] 中冶建筑研究总院有限公司.耐热混凝土应用技术规程:YB/T 4252-2011[S].2011.

[76] YAQUB M,BAILEY C G. Repair of fire damaged circular reinforced concrete columns with FRP composites[J]. Construction and building Materials,2011,25(1):359-370.

[77] NOMAN M,YAQUB M. Restoration of dynamic characteristics of RC T-beams exposed to fire using post fire curing technique[J]. Engineering structures,2021,249:113339.

[78] GHAZALY N, RASHAD A, KOHAIL M, et al. Evaluation of bond strength between steel rebars and concrete for heat-damaged and repaired beam-end specimens[J]. Engineering structures,2018,175:661-668.

[79] NOMAN M,YAQUB M,ABID M,et al. Effects of low-cost repair techniques on restoration of mechanical properties of fire-damaged concrete [J]. Frontiers in materials,2022,8:801464.

[80] HE F,BIOLZI L,CARVELLI V. Effects of elevated temperature and water re-curing on fracture process of hybrid fiber reinforced concretes[J]. Engineering fracture mechanics,2022,276:108885.

[81] POON C,AZHAR S,ANSON M,et al. Strength and durability recovery of fire-damaged concrete after post-fire-curing[J]. Cement and concrete research,2001,31(9):1307-1318.

[82] ULM F,COUSSY O,BAŽANT Z P. The "Chunnel" fire. I:Chemoplastic softening in rapidly heated concrete[J]. Journal of engineering mechanics,1999,125(3):272-282.

[83] KALIFA P,CHENE G,GALLE C. High-temperature behaviour of HPC with polypropylene fibres: From spalling to microstructure[J]. Cement and concrete research,2001,31(10):1487-1499.

[84] CHAN Y N,LUO X,SUN W. Compressive strength and pore structure of high-performance concrete after exposure to high temperature up to 800 ℃[J]. Cement and concrete research,2000,30(2):247-251.

[85] SALEHEEN Z,KRISHNAMOORTHY R R,NADJAI A. A review on

behavior, material properties and finite element simulation of concrete tunnel linings under fire[J]. Tunnelling and underground space technology, 2022, 126: 104534.

[86] ZEIML M, LEITHNER D, LACKNER R, et al. How do polypropylene fibers improve the spalling behavior of in-situ concrete? [J]. Cement and concrete research, 2006, 36(5): 929-942.

[87] SONG Z, WANG T, WANG J, et al. Uniaxial compression mechanical properties and damage constitutive model of limestone under osmotic pressure[J]. International journal of damage mechanics, 2022, 31(4): 557-581.

[88] GARY R C, MICHAEL C M. Measurement and prediction of pore pressure in cement mortar subjected to elevated temperature[J]. ACI materials journal, 1998, 95(5): 525-536.

[89] 杜咏，严奥宇，戚洪辉. 纤维增强超高强混凝土防高温爆裂研究[J]. 建筑材料学报，2021，24(01)：216-223.

[90] FU Y F, WONG Y L, TANG C A, et al. Thermal induced stress and associated cracking in cement-based composite at elevated temperatures—Part I: Thermal cracking around single inclusion[J]. Cement and concrete composites, 2004, 26(2): 99-111.

[91] CHANG Y, CHEN Y, SHEU M, et al. Residual stress-strain relationship for concrete after exposure to high temperatures[J]. Cement and concrete research, 2006, 36(10): 1999-2005.

[92] ZHU H, HU Y, MA R, et al. Concrete thermal failure criteria, test method, and mechanism: A review[J]. Construction and building materials, 2021, 283: 122762.

[93] CASTELLOTE M, ALONSO C, ANDRADE C, et al. Composition and microstructural changes of cement pastes upon heating, as studied by neutron diffraction [J]. Cement and concrete research, 2004, 34 (9): 1633-1644.

[94] ZHANG Q, YE G. Dehydration kinetics of Portland cement paste at high

temperature[J]. Journal of thermal analysis and calorimetry,2012,110(1):153-158.

[95] AKCA A H,ÖZYURT N. Deterioration and recovery of FRC after high temperature exposure[J]. Cement and concrete composites,2018,93:260-273.

[96] YOON M,KIM G,CHOE G C,et al. Effect of coarse aggregate type and loading level on the high temperature properties of concrete[J]. Construction and building materials,2015,78:26-33.

[97] BIOLZI L,CATTANEO S,ROSATI G. Evaluating residual properties of thermally damaged concrete[J]. Cement and concrete composites,2008,30(10):907-916.

[98] HUANG Z,PADMAJA K,LI S,et al. Mechanical properties and microstructure of ultra-lightweight cement composites with fly ash cenospheres after exposure to high temperatures[J]. Construction and building materials,2018,164:760-774.

[99] MALUK C,BISBY L,TERRASI G P. Effects of polypropylene fibre type and dose on the propensity for heat-induced concrete spalling[J]. Engineering structures,2017,141:584-595.

[100] BANGI M R,HORIGUCHI T. Pore pressure development in hybrid fibre-reinforced high strength concrete at elevated temperatures[J]. Cement and concrete research,2011,41(11):1150-1156.

[101] JANSSON R,BOSTRÖM L. The influence of pressure in the pore system on fire spalling of concrete[J]. Fire technology, 2010, 46(1):217-230.

[102] ZHANG B,BICANIC N. Fracture energy of high-performance concrete at high temperatures up to 450 C: the effects of heating temperatures and testing conditions (hot and cold)[J]. Magazine of concrete Research,2006,58(5):277-288.

[103] WATANABE K,BANGI M R,HORIGUCHI T. The effect of testing conditions (hot and residual) on fracture toughness of fiber reinforced

high-strength concrete subjected to high temperatures[J]. Cement and concrete research,2013,51:6-13.

[104] MUBARAK M,MUHAMMAD RASHID R S,AMRAN M,et al. Mechanical properties of high-performance hybrid fibre-reinforced concrete at elevated temperatures[J]. Sustainability,2021,13(23):13392.

[105] MAO Z,ZHANG J,LUO Z,et al. Behavior evaluation of hybrid fibre-reinforced reactive powder concrete after elevated temperatures[J]. Construction and building materials,2021,306:124917.

[106] XARGAY H,FOLINO P,SAMBATARO L,et al. Temperature effects on failure behavior of self-compacting high strength plain and fiber reinforced concrete[J]. Construction and building materials, 2018, 165: 723-734.

[107] VARONA F B,BAEZA F J,BRU D,et al. Influence of high temperature on the mechanical properties of hybrid fibre reinforced normal and high strength concrete[J]. Construction and building materials,2018,159:73-82.

[108] DING Y,AZEVEDO C,AGUIAR J B,et al. Study on residual behaviour and flexural toughness of fibre cocktail reinforced self compacting high performance concrete after exposure to high temperature[J]. Construction and building materials,2012,26(1):21-31.

[109] PLIYA P,BEAUCOUR A L,NOUMOWÉ A. Contribution of cocktail of polypropylene and steel fibres in improving the behaviour of high strength concrete subjected to high temperature[J]. Construction and building materials,2011,25(4):1926-1934.

[110] PENG G,YANG W,ZHAO J,et al. Explosive spalling and residual mechanical properties of fiber-toughened high-performance concrete subjected to high temperatures[J]. Cement and concrete research,2006,36(4):723-727.

[111] YERMAK N,PLIYA P,BEAUCOUR A,et al. Influence of steel and/or polypropylene fibres on the behaviour of concrete at high temperature:

Spalling,transfer and mechanical properties[J]. Construction and building materials,2017,132:240-250.

[112] SUHAENDI S L, HORIGUCHI T. Effect of short fibers on residual permeability and mechanical properties of hybrid fibre reinforced high strength concrete after heat exposition[J]. Cement and concrete research,2006,36(9):1672-1678.

[113] AGRA R R,SERAFINI R,DE FIGUEIREDO A D. Effect of high temperature on the mechanical properties of concrete reinforced with different fiber contents[J]. Construction and building materials, 2021, 301:124242.

[114] BOŠNJAK J, SHARMA A, GRAUF K. Mechanical properties of concrete with steel and polypropylene fibres at elevated temperatures[J]. Fibers,2019,7(2):9.

[115] HORIGUCHI T, SUHAENDI S L. Recovery behavior of hybrid fiber reinforced high strength concrete after fire exposure[J]. Journal of structural fire engineering,2010,1(4):219-229.

[116] CATTANEO S,BIOLZI L. Assessment of thermal damage in hybrid fiber-reinforced concrete[J]. Journal of materials in civil engineering, 2010,22(9):836-845.

[117] HE F, BIOLZI L, CARVELLI V. Effects of elevated temperature and water re-curing on the compression behavior of hybrid fiber reinforced concrete[J]. Journal of building engineering,2023,67:106034.

[118] AHMAD S,RASUL M,ADEKUNLE S K,et al. Mechanical properties of steel fiber-reinforced UHPC mixtures exposed to elevated temperature:Effects of exposure duration and fiber content[J]. Composites part b:engineering,2019,168:291-301.

[119] ZHANG X,LIN X,CHEN Y. Study on mechanical properties of steel fiber reinforced nano-concrete (SFRNC) after elevated temperature[J]. Composite structures,2021,268:113941.

[120] ZENG D,CAO M,MING X. Characterization of mechanical behavior and

mechanism of hybrid fiber reinforced cementitious composites after exposure to high temperatures[J]. Materials and structures, 2021, 54: 1-11.

[121] SUN X, GAO Z, CAO P, et al. Fracture performance and numerical simulation of basalt fiber concrete using three-point bending test on notched beam[J]. Construction and building materials, 2019, 225: 788-800.

[122] BANTHIA N, SAPPAKITTIPAKORN M. Toughness enhancement in steel fiber reinforced concrete through fiber hybridization[J]. Cement and concrete research, 2007, 37(9): 1366-1372.

[123] GUO H, JIANG L, TAO J, et al. Influence of a hybrid combination of steel and polypropylene fibers on concrete toughness[J]. Construction and building materials, 2021, 275: 122132.

[124] HENRY M, SUZUKI M, KATO Y. Behavior of Fire-Damaged Mortar under Variable Re-curing Conditions. [J]. ACI materials journal, 2011, 108(3).

[125] LI L, JIA P, DONG J, et al. Effects of cement dosage and cooling regimes on the compressive strength of concrete after post-fire-curing from 800 C[J]. Construction and building materials, 2017, 142: 208-220.

[126] KARAHAN O. Residual compressive strength of fire-damaged mortar after post-fire-air-curing[J]. Fire and materials, 2011, 35(8): 561-567.

[127] AKCA A H, ÖZYURT N. Effects of re-curing on microstructure of concrete after high temperature exposure[J]. Construction and building materials, 2018, 168: 431-441.

[128] YANG P, LIU L, SUO Y, et al. Investigating the synergistic effects of magnesia-coal slag based solid waste cementitious materials and its basic characteristics as a backfill material[J]. Science of the total environment, 2023, 880: 163209.

[129] SHUI Z, XUAN D, CHEN W, et al. Cementitious characteristics of hydrated cement paste subjected to various dehydration temperatures[J]. Construction and building materials, 2009, 23(1): 531-537.

[130] LIN Y, HSIAO C, YANG H, et al. The effect of post-fire-curing on strength-velocity relationship for nondestructive assessment of fire-damaged concrete strength[J]. Fire safety journal, 2011, 46(4): 178-185.

[131] FAN S, SONG Z, LI X, et al. Theoretical analysis and verification of the influence of bubble, pore throat and water film on pore water seepage characteristics-taking sandstone as the research object[J]. Archives of civil and mechanical engineering, 2023, 23(4): 225.

[132] WANG Z L, ZHU H H, WANG J, et al. Experimental study on macroscopic mechanical behavior of SFRC under triaxial compression[J]. Mechanics of advanced materials and structures, 2012, 19(8): 653-662.

[133] SUN L, HAO Q, ZHAO J, et al. Stress strain behavior of hybrid steel-PVA fiber reinforced cementitious composites under uniaxial compression[J]. Construction and building materials, 2018, 188: 349-360.

[134] LAWLER J S, WILHELM T, ZAMPINI D, et al. Fracture processes of hybrid fiber-reinforced mortar[J]. Materials and structures, 2003, 36: 197-208.

[135] British Standards Institution. Specification, performance, production and conformity: EN B S. 206: 2013+A1: 2016[S]. 2016.

[136] SRPS E N. Testing hardened concrete-Part 2: Making and curing specimens for strength tests: 12390-2: 2019[S]. 2019.

[137] EN B S. Testing Hardened Concrete. Compressive Strength of Test Specimens: 12390-3: (2009)[S]. 2019.

[138] EN B S. Testing hardened concrete-Part 6: tensile splitting strength of test specimens[S]. 2009.

[139] EN B S. Test method for metallic fibre concrete-Measuring the flexural tensile strength (limit of proportionality (LOP), residual): 14651: 2005 + A1: 2007[S]. 2005.

[140] HSU L S, HSU C T. Stress-strain behavior of steel-fiber high-strength concrete under compression [J]. Structural journal, 1994, 91 (4): 448-457.

[141] AKÇA K R,ÇAKıR Ö,İPEK M. Properties of polypropylene fiber reinforced concrete using recycled aggregates[J]. Construction and building materials,2015,98:620-630.

[142] NATARAJA M C,DHANG N,GUPTA A P. Splitting tensile strength of SFRC. [J]. Indian concrete journal,2001,75(4):287-290.

[143] SINGH H. Steel fiber reinforced concrete behavior,modelling and design[M]. New York:Springer,2017.

[144] XU L,HUANG L,CHI Y,et al. Tensile behavior of steel-polypropylene hybrid fiber-reinforced concrete[J]. ACI materials Journal,2016,113(2):219-229.

[145] SONG W,YIN J. Hybrid effect evaluation of steel fiber and carbon fiber on the performance of the fiber reinforced concrete[J]. Materials,2016,9(8):704.

[146] FENG J,GAO X,LI J,et al. Influence of fiber mixture on impact response of ultra-high-performance hybrid fiber reinforced cementitious composite[J]. Composites part b:engineering,2019,163:487-496.

[147] PARK R,PAULAY T. Reinforced concrete structures[M]. New York : John Wiley & Sons,1991.

[148] ECHEGARAY-OVIEDO J,NAVARRO -GREGORI J,CUENCA ASENSIO E,et al. Upgrading the push-off test to study the mechanisms of shear transfer in FRC elements[C] //Proceedings of the 8th International Conference on Fracture Mechanics of Concrete and Concrete Structures, FraMCoS,2013.

[149] ECHEGARAY OVIEDO J,NAVARRO GREGORI J,CUENCA E,et al. Modified push-off test for analysing the shear behaviour of concrete cracks[J]. Strain,2017,53(6):e12239.

[150] KAUFMANN W,AMIN A,BECK A,et al. Shear transfer across cracks in steel fibre reinforced concrete[J]. Engineering structures,2019,186:508-524.

[151] BARRAGAN B,GETTU R,AGULLO L,et al. Shear failure of steel fi-

ber-reinforced concrete based on push-off tests[J]. ACI materials journal,2006,103(4):251.

[152] KHALOO A R,KIM N. Influence of concrete and fiber characteristics on behavior of steel fiber reinforced concrete under direct shear[J]. Materials journal,1997,94(6):592-601.

[153] NGO T T,PARK J K,PYO S,et al. Shear resistance of ultra-high-performance fiber-reinforced concrete[J]. Construction and building materials,2017,151:246-257.

[154] GRASSL P,WONG H S,BUENFELD N R. Influence of aggregate size and volume fraction on shrinkage induced micro-cracking of concrete and mortar[J]. Cement and concrete research,2010,40(1):85-93.

[155] GHOLAMPOUR A,OZBAKKALOGLU T. Fiber-reinforced concrete containing ultra high-strength micro steel fibers under active confinement[J]. Construction and building materials,2018,187:299-306.

[156] ACI Committee. Building code requirements for structural concrete (ACI 318-08) and commentary[S]. American concrete institute,2008.

[157] ACI-COMMITTEE. ACI Committee 544. Report on Fiber Reinforced Concrete[S]. ACI,1996.

[158] WONG R,MA S,WONG R,et al. Shear strength components of concrete under direct shearing[J]. Cement and concrete research,2007,37(8):1248-1256.

[159] DIAB A M,ABD ELMOATY M,ELDIN M R T. Slant shear bond strength between self compacting concrete and old concrete[J]. Construction and building materials,2017,130:73-82.

[160] XU J,WU C,LI Z,et al. Numerical analysis of shear transfer across an initially uncrack reinforced concrete member[J]. Engineering structures,2015,102:296-309.

[161] IMJAI T,KEFYALEW F,AOSAI P,et al. A new equation to predict the shear strength of recycled aggregate concrete Z push-off specimens[J]. Cement and concrete research,2023,169:107181.

[162] 白鹏翔,朱飞鹏,雷冬.基于数字图像相关技术的混凝土裂纹探测[J].混凝土,2020(12):138-141.

[163] 杨登辉,黄晨,樊平,等.混凝土测试中光强对数字图像相关测量精度的影响研究[J].矿业科学学报,2023,8(05):677-687.

[164] 万钊航,白鹏翔,洪淼,等.基于数字图像相关技术的轻骨料混凝土早龄期细观收缩实验研究[J].实验力学,2023,38(05):549-559.

[165] 陈亚军,孙胜洁,季春明.三维数字图像相关技术(3D DIC)在材料形变研究中的应用进展[J].航空材料学报,2017,37(04):90-100.

[166] 马永尚,陈卫忠,杨典森,等.基于三维数字图像相关技术的脆性岩石破坏试验研究[J].岩土力学,2017,38(01):117-123.

[167] 晏班夫,李得睿,徐观亚,等.基于快速DIC与正则化平滑技术的结构形变测试[J].中国公路学报,2020,33(09):193-205.

[168] LANTSOGHT E O. How do steel fibers improve the shear capacity of reinforced concrete beams without stirrups? [J]. Composites part b:engineering,2019,175:107079.

[169] ZHANG P,WANG C,GAO Z,et al. A review on fracture properties of steel fiber reinforced concrete[J]. Journal of building engineering,2023,67:105975.

[170] AHMAD S,BHARGAVA P,CHOURASIA A,et al. Effect of elevated temperatures on the shear-friction behaviour of concrete:Experimental and analytical study[J]. Engineering structures,2020,225:111305.

[171] CONGRO M,de ALENCAR MONTEIRO V M,BRANDÃO A L,et al. Prediction of the residual flexural strength of fiber reinforced concrete using artificial neural networks[J]. Construction and building materials,2021,303:124502.

[172] LIANG N,REN L,TIAN S,et al. Study on the fracture toughness of polypropylene-basalt fiber-reinforced concrete[J]. International journal of concrete structures and materials,2021,15:1-23.

[173] YANG S,LAN T,SUN Z,et al. A predictive model to determine tensile strength and fracture toughness of 3D printed fiber reinforced concrete

loaded in different directions[J]. Theoretical and applied fracture mechanics,2022,119:103309.

[174] GOLEWSKI G L. Evaluation of fracture processes under shear with the use of DIC technique in fly ash concrete and accurate measurement of crack path lengths with the use of a new crack tip tracking method[J]. Measurement,2021,181:109632.

[175] LI T,XIAO J,ZHANG Y,et al. Fracture behavior of recycled aggregate concrete under three-point bending[J]. Cement and concrete composites,2019,104:103353.

[176] BHOWMIK S,RAY S. An experimental approach for characterization of fracture process zone in concrete[J]. Engineering fracture mechanics, 2019,211:401-419.

[177] FAN B,QIAO Y,HU S. An experimental investigation on FPZ evolution of concrete at different low temperatures by means of 3D-DIC[J]. Theoretical and applied fracture mechanics,2020,108:102575.

[178] LIN Q,YUAN H,BIOLZI L,et al. Opening and mixed mode fracture processes in a quasi-brittle material via digital imaging[J]. Engineering fracture mechanics,2014,131:176-193.

[179] DAS S,AGUAYO M,DEY V,et al. The fracture response of blended formulations containing limestone powder: Evaluations using two-parameter fracture model and digital image correlation[J]. Cement and concrete composites,2014,53:316-326.

[180] ZHAO Y,WANG L,LEI Z,et al. Study on bending damage and failure of basalt fiber reinforced concrete under freeze-thaw cycles[J]. Construction and building materials,2018,163:460-470.

[181] ZHANG H,HUANG G,SONG H,et al. Experimental characterization of strain localization in rock[J]. Geophysical journal international,2013, 194(3):1554-1558.

[182] JENQ Y S,SHAH S P. A fracture toughness criterion for concrete[J]. Engineering fracture mechanics,1985,21(5):1055-1069.

[183] HILLERBORG A, MODÉER M, PETERSSON P. Analysis of crack formation and crack growth in concrete by means of fracture mechanics and finite elements[J]. Cement and concrete research, 1976, 6(6): 773-781.

[184] TEKIELI M, De SANTIS S, de FELICE G, et al. Application of digital image correlation to composite reinforcements testing[J]. Composite structures, 2017, 160: 670-688.

[185] GEHRI N, MATA-FALCÓN J, KAUFMANN W. Automated crack detection and measurement based on digital image correlation[J]. Construction and building materials, 2020, 256: 119383.

[186] BLABER J, ADAIR B, ANTONIOU A. Ncorr: open-source 2D digital image correlation matlab software[J]. Experimental mechanics, 2015, 55(6): 1105-1122.

[187] SCHREIER H, ORTEU J, SUTTON M A. Image correlation for shape, motion and deformation measurements: Basic concepts, theory and applications[M]. New York: Springer, 2009.

[188] WU Z, RONG H, ZHENG J, et al. An experimental investigation on the FPZ properties in concrete using digital image correlation technique[J]. Engineering fracture mechanics, 2011, 78(17): 2978-2990.

[189] WU J, GAO J, FENG Z, et al. Investigation of fracture process zone properties of mode I fracture in heat-treated granite through digital image correlation[J]. Engineering fracture mechanics, 2020, 235: 107192.

[190] DAI Y, GRUBER D, HARMUTH H. Observation and quantification of the fracture process zone for two magnesia refractories with different brittleness[J]. Journal of the European ceramic society, 2017, 37(6): 2521-2529.

[191] FAKHIMI A, LIN Q, LABUZ J F. Insights on rock fracture from digital imaging and numerical modeling[J]. International journal of rock mechanics and mining sciences, 2018, 107: 201-207.

[192] BHOSALE A B, PRAKASH S S. Crack propagation analysis of synthetic vs. steel vs. hybrid fibre-reinforced concrete beams using digital image

correlation technique[J]. International journal of concrete structures and materials,2020,14(1):57.

[193] GIACCIO G M,ZERBINO R L. Mechanical behaviour of thermally damaged high-strength steel fibre reinforced concrete [J]. Materials and structures,2005,38:335-342.

[194] BAZANT Z P. Analysis of pore pressure,thermal stress and fracture in rapidly heated concrete[J]. 1997.

[195] OZAWA M,UCHIDA S,KAMADA T,et al. Study of mechanisms of explosive spalling in high-strength concrete at high temperatures using acoustic emission[J]. Construction and building materials,2012,37:621-628.

[196] DEMIREL B,KELEŞTEMUR O. Effect of elevated temperature on the mechanical properties of concrete produced with finely ground pumice and silica fume[J]. Fire safety journal,2010,45(6/8):385-391.

[197] XING Z,BEAUCOUR A,HEBERT R,et al. Influence of the nature of aggregates on the behaviour of concrete subjected to elevated temperature[J]. Cement and concrete research,2011,41(4):392-402.

[198] DONG J F,WANG Q Y,GUAN Z W,et al. High-temperature behaviour of basalt fibre reinforced concrete made with recycled aggregates from earthquake waste[J]. Journal of building engineering,2022,48:103895.

[199] BOŠNJAK J,OŽBOLT J,HAHN R. Permeability measurement on high strength concrete without and with polypropylene fibers at elevated temperatures using a new test setup[J]. Cement and concrete research, 2013,53:104-111.

[200] DING Y,ZHANG C,CAO M,et al. Influence of different fibers on the change of pore pressure of self-consolidating concrete exposed to fire [J]. Construction and building materials,2016,113:456-469.

[201] JIN L,ZHANG R,DOU G,et al. Fire resistance of steel fiber reinforced concrete beams after low-velocity impact loading[J]. Fire safety journal, 2018,98:24-37.

[202] FIKE R,KODUR V. Enhancing the fire resistance of composite floor assemblies through the use of steel fiber reinforced concrete[J]. Engineering structures,2011,33(10):2870-2878.

[203] AWAL A A,SHEHU I A,ISMAIL M. Effect of cooling regime on the residual performance of high-volume palm oil fuel ash concrete exposed to high temperatures[J]. Construction and building materials,2015,98:875-883.

[204] MENDES A,SANJAYAN J G,COLLINS F. Effects of slag and cooling method on the progressive deterioration of concrete after exposure to elevated temperatures as in a fire event[J]. Materials and structures,2011,44:709-718.

[205] LEE J,XI Y,WILLAM K. Properties of concrete after high-temperature heating and cooling[J]. ACI materials journal,2008,105(4):334.

[206] ZHANG Y,LIU H,ZHAO C,et al. Deconstructing water sorption isotherms in cement pastes by lattice density functional theory simulations[J]. Journal of the American ceramic society,2021,104(8):4226-4238.

[207] ZHANG Y,ZHOU Q,JU J W,et al. New insights into the mechanism governing the elasticity of calcium silicate hydrate gels exposed to high temperature:a molecular dynamics study[J]. Cement and concrete research,2021,141:106333.

[208] KOMLOS K,POPOVICS S,NÜRNBERGEROVÁ T,et al. Ultrasonic pulse velocity test of concrete properties as specified in various standards[J]. Cement and concrete composites,1996,18(5):357-364.

[209] NEMATZADEH M,TAYEBI M,SAMADVAND H. Prediction of ultrasonic pulse velocity in steel fiber-reinforced concrete containing nylon granule and natural zeolite after exposure to elevated temperatures[J]. Construction and building materials,2021,273:121958.

[210] YIM H J,PARK S,KIM J H,et al. Nonlinear Ultrasonic Method to Evaluate Residual Mechanical Properties of Thermally Damaged Concrete. [J]. ACI materials journal,2014,111(4).

[211] KIM J, LEE G. Evaluation of mechanical properties of steel-fibre-reinforced concrete exposed to high temperatures by double-punch test[J]. Construction and building materials, 2015, 79: 182-191.

[212] LU Z. A research on fire response of reinforced concrete beams[D]. Shanghai: Tongji University, 1989.

[213] ASLANI F, SAMALI B. Constitutive relationships for steel fibre reinforced concrete at elevated temperatures[J]. Fire technology, 2014, 50: 1249-1268.

[214] ZHENG W, LUO B, WANG Y. Stress-strain relationship of steel-fibre reinforced reactive powder concrete at elevated temperatures[J]. Materials and structures, 2015, 48: 2299-2314.

[215] TAI Y, PAN H, KUNG Y. Mechanical properties of steel fiber reinforced reactive powder concrete following exposure to high temperature reaching 800 C[J]. Nuclear engineering and design, 2011, 241(7): 2416-2424.

[216] RICHART F E, BRANDTZÆG A, BROWN R L. Failure of plain and spirally reinforced concrete in compression[J]. University of Illinois. Engineering Experiment Station. Bulletin; no. 190, 1929.

[217] BARRAGÁN B, Di MAIO A, GIACCIO G, et al. Effects of high temperature on residual, mechanical, and transport properties of concrete[J]. Special Publication, 2000, 192: 983-1000.

[218] SHAH S P, CHANDRA S. Critical stress, volume change, and microcracking of concrete[J]. Journal Proceedings, 1968, 65(9): 770-780.

[219] SARGIN M, GHOSH S K, HANDA V K. Effects of lateral reinforcement upon the strength and deformation properties of concrete[J]. Magazine of concrete research, 1971, 23(75-76): 99-110.

[220] WANG P T, SHAH S P, NAAMAN A E. Stress-strain curves of normal and lightweight concrete in compression[J]. Journal Proceedings, 1978, 75(11): 603-611.

[221] VAN GYSEL A, TAERWE L. Analytical formulation of the complete

stress-strain curve for high strength concrete[J]. Materials and structures,1996,29:529-533.

[222] POPOVICS S. A numerical approach to the complete stress-strain curve of concrete[J]. Cement and concrete research,1973,3(5):583-599.

[223] TOMASZEWICZ A. Stress-strain relationship for concrete[J]. Report No. STF65A84065,1984.

[224] TSAI W T. Uniaxial compressional stress-strain relation of concrete[J]. Journal of structural engineering,1988,114(9):2133-2136.

[225] WEE T H,CHIN M S,MANSUR M A. Stress-strain relationship of high-strength concrete in compression[J]. Journal of materials in civil engineering,1996,8(2):70-76.

[226] DESAYI P,KRISHNAN S. Equation for the stress-strain curve of concrete[J]. Journal Proceedings,1964,61(3):340-350.

[227] LEA F C. The effect of temperature on some of the properties of materials[J]. Engineering,1920,110(3):293-298.

[228] 姚秀鹏,韩阳,沈雷,等. 高温后聚丙烯纤维混凝土抗压强度与气渗系数试验研究[J]. 混凝土,2022(02):85-89.

[229] 姚秀鹏,韩阳,沈雷,等. 高温后聚丙烯纤维混凝土热工参数试验研究[J]. 消防科学与技术,2020,39(07):900-903.

[230] 元成方,赵军. 聚丙烯纤维混凝土的高温损伤机理[J]. 材料科学与工程学报,2017,35(01):37-40.

[231] 刘平,苏雨萌,陈庞. 钢纤维增韧混凝土抗冲击性能研究综述[J]. 混凝土,2024(04):47-51.

[232] 栗罡,巴林,陈明,等. 基于数字图像相关法的钢纤维混凝土断裂性能研究[J]. 水利与建筑工程学报,2024,22(01):25-30.

[233] 李振军,刘喜,赵辰宇,等. 钢纤维地聚物再生混凝土孔隙结构与力学性能试验研究[J]. 复合材料学报,2024:1-11.

[234] 韩方玉,吉旭平,刘加平,等. 高温对不同钢纤维掺量超高性能混凝土性能及钢纤维拔出机制的影响[J]. 硅酸盐学报,2024,52(8):1-8.

[235] 朱明,宫能平,穆朝民,等. 高温后钢纤维自密实混凝土动、静态力学性能

研究[J]. 硅酸盐通报,2023,42(11):3895-3905.

[236] MAZLOOM M,MIRZAMOHAMMADI S. Fracture of fibre-reinforced cementitious composites after exposure to elevated temperatures[J]. Magazine of concrete research,2021,73(14):701-713.

[237] 罗伊明,张博,刘彦钰,等. 混杂纤维增强超高性能混凝土的高温性能试验研究[J]. 硅酸盐通报,2024,43(03):825-832.

[238] 肖良丽,陈潘红,朱志颖,等. 钢-PVA 混杂纤维混凝土高温后力学性能研究[J]. 建筑技术,2023,54(04):507-512.

[239] MEZZAL S K,AL-AZZAWI Z,NAJIM K B. Effect of discarded steel fibers on impact resistance, flexural toughness and fracture energy of high-strength self-compacting concrete exposed to elevated temperatures[J]. Fire safety journal,2021,121:103271.

[240] Eurocode 2:Design of concrete structures[S]. 2004.

[241] CAO F. High strength concrete supplementary rules and fire design[Z]. RakMKB4,1991.

[242] 中华人民共和国工业和信息化部. 耐热混凝土: YBT 4352-2013 [S]. 2013.

[243] TAGNIT-HAMOU A,SARIC-CORIC M,RIVARD P. Internal deterioration of concrete by the oxidation of pyrrhotitic aggregates[J]. Cement and concrete research,2005,35(1):99-107.

[244] ODELSON J B,KERR E A,VICHIT-VADAKAN W. Young's modulus of cement paste at elevated temperatures[J]. Cement and concrete research,2007,37(2):258-263.

[245] ZHANG B. Effects of moisture evaporation (weight loss) on fracture properties of high performance concrete subjected to high temperatures [J]. Fire safety journal,2011,46(8):543-549.

[246] ALARCON-RUIZ L,PLATRET G,MASSIEU E,et al. The use of thermal analysis in assessing the effect of temperature on a cement paste [J]. Cement and concrete research,2005,35(3):609-613.

[247] ALONSO C,FERNANDEZ L. Dehydration and rehydration processes of

cement paste exposed to high temperature environments[J]. Journal of materials science,2004,39(9):3015-3024.

[248] GAO D,YAN D,LI X. Splitting strength of GGBFS concrete incorporating with steel fiber and polypropylene fiber after exposure to elevated temperatures[J]. Fire safety journal,2012,54:67-73.

[249] HE F,BIOLZI L,CARVELLI V,et al. Digital imaging monitoring of fracture processes in hybrid steel fiber reinforced concrete[J]. Composite structures,2022,298:116005.